Zur Einführung
der Bibliothek des Radioamateurs.

Schon vor der Radioamateurbewegung hat es technische und sportliche Bestrebungen gegeben, die schnell in breite Volksschichten eindrangen; sie alle übertrifft heute bereits an Umfang und an Intensität die Beschäftigung mit der Radiotelephonie.

Die Gründe hierfür sind mannigfaltig. Andere technische Betätigungen erfordern nicht unerhebliche Voraussetzungen. Wer z. B. eine kleine Dampfmaschine selbst bauen will — was vor zwanzig Jahren eine Lieblingsbeschäftigung technisch begabter Schüler war — benötigt einerseits viele Werkzeuge und Einrichtungen, muß andererseits aber auch ein guter Mechaniker sein, um eine brauchbare Maschine zu erhalten. Auch der Bau von Funkeninduktoren oder Elektrisiermaschinen, gleichfalls eine Lieblingsbetätigung in früheren Jahrzehnten, erfordert manche Fabrikationseinrichtung und entsprechende Geschicklichkeit.

Die meisten dieser Schwierigkeiten entfallen bei der Beschäftigung mit einfachen Versuchen der Radiotelephonie. Schon mit manchem in jedem Haushalt vorhandenen Altgegenstand lassen sich ohne besondere Geschicklichkeit Empfangsresultate erzielen. Der Bau eines Kristalldetektorenempfängers ist weder schwierig noch teuer, und bereits mit ihm erreicht man ein Ergebnis, das auf jeden Laien, der seine ersten radiotelephonischen Versuche unternimmt, gleichmäßig überwältigend wirkt: Fast frei von irdischen Entfernungen, ist er in der Lage, aus dem Raum heraus Energie in Form von Signalen, von Musik, Gesang usw. aufzunehmen.

Kaum einer, der so mit einfachen Hilfsmitteln angefangen hat, wird von der Beschäftigung mit der Radiotelephonie loskommen. Er wird versuchen, seine Kenntnisse und seine Apparatur zu verbessern, er wird immer bessere und hochwertigere Schaltungen ausprobieren, um immer vollkommener die aus dem Raum kommenden Wellen aufzunehmen und damit den Raum zu beherrschen.

Diese neuen Freunde der Technik, die „Radioamateure", haben in den meisten großzügig organisierten Ländern die Unterstützung weitvorausschauender Politiker und Staatsmänner gefunden unter dem Eindruck des universellen Gedankens, den das Wort „Radio" in allen Ländern auslöst. In anderen Ländern hat man den Radioamateur geduldet, in ganz wenigen ist er zunächst als staatsgefährlich bekämpft worden. Aber auch in diesen Ländern ist bereits abzusehen, daß er in seinen Arbeiten künftighin nicht beschränkt werden darf.

Wenn man auf der einen Seite dem Radioamateur das Recht seiner Existenz erteilt, so muß naturgemäß andererseits von ihm verlangt werden, daß er die staatliche Ordnung nicht gefährdet.

Der Radioamateur muß technisch und physikalisch die Materie beherrschen, muß also weitgehendst in das Verständnis von Theorie und Praxis eindringen.

Hier setzt nun neben der schon bestehenden und täglich neu aufschießenden, in ihrem Wert recht verschiedenen Buch- und Broschürenliteratur die „Bibliothek des Radioamateurs" ein. In knappen, zwanglosen und billigen Bändchen wird sie allmählich alle Spezialgebiete, die den Radioamateur angehen, von hervorragenden Fachleuten behandeln lassen. Die Koppelung der Bändchen untereinander ist extrem lose: jedes kann ohne die anderen bezogen werden, und jedes ist ohne die anderen verständlich.

Die Vorteile dieses Verfahrens liegen nach diesen Ausführungen klar zutage: Billigkeit und die Möglichkeit, die Bibliothek jederzeit auf dem Stande der Erkenntnis und Technik zu erhalten. In universeller gehaltenen Bändchen werden eingehend die theoretischen Fragen geklärt.

Kaum je zuvor haben Interessenten einen solchen Anteil an literarischen Dingen genommen, wie bei der Radioamateurbewegung. Alles, was über das Radioamateurwesen veröffentlicht wird, erfährt eine scharfe Kritik. Diese kann uns nur erwünscht sein, da wir lediglich das Bestreben haben, die Kenntnis der Radiodinge breiten Volksschichten zu vermitteln. Wir bitten daher um strenge Durchsicht und Mitteilung aller Fehler und Wünsche.

Dr. **Eugen Nesper**.

Bibliothek des Radio-Amateurs 24. Band
Herausgegeben von Dr. Eugen Nesper

Hochfrequenz-Verstärker

Von

Dr. phil. Arthur Hamm
Dipl.-Ingenieur

Mit 106 Textabbildungen

Berlin
Verlag von Julius Springer
1926

ISBN-13: 978-3-642-88909-7   e-ISBN-13: 978-3-642-90764-7
DOI: 10.1007/978-3-642-90764-7

Alle Rechte, insbesondere das der Übersetzung
in fremde Sprachen, vorbehalten.
Softcover reprint of the hardcover 1st edition 1926

Vorwort.

In dem vorliegenden Bändchen der Bibliothek des Radioamateurs ist einer der wichtigsten Teile der Empfangsausrüstung gesondert behandelt, der Hochfrequenzverstärker, und zwar ausschließlich der für kürzere Wellen. Der Hochfrequenzverstärker für lange Wellen hat für das Rundfunkwesen nicht entfernt die gleiche Bedeutung wie der für kurze Wellen, wenngleich die Superheterodyne-Empfänger sich seiner bedienen. Die technischen und wissenschaftlichen Schwierigkeiten sind bei dem Kurzwellenverstärker ungleich größer, so daß man auch heute noch zweifelhaft sein kann, ob wir ein unbedingt befriedigendes Gerät für diesen Zweck besitzen. Dieser Umstand ist es auch, der den Transponierungsempfängern zum Leben verholfen hat, sie umgehen die vorhandenen Schwierigkeiten auf elegante Weise, indem sie die ankommende kurze Welle durch Überlagerung in eine lange verwandeln, deren Verstärkung keine bedeutenden Schwierigkeiten mehr bietet. In der Tat sind ja im drahtlosen Telegraphenverkehr seit langem schon vielstufige Hochfrequenzverstärker im Gebrauche, die keine ernstlichen Anstände mehr machen.

Die Bibliothek des Radioamateurs will jedem Funkfreunde dienen, ihre Bändchen müssen deshalb von jedermann verstanden werden. Ich bemühte mich, eine solche Verständlichkeit zu erreichen, ohne der wissenschaftlichen Zuverlässigkeit etwas zu vergeben. Der programmatisch verkündeten losen Kopplung der einzelnen Bändchen wegen habe ich nichts vorausgesetzt, als die notwendigsten technischen und physikalischen Kenntnisse, deshalb wurden alle Einzelteile des Hochfrequenzverstärkers, insbesondere sein wichtigster, die Röhre, so eingehend behandelt, als es notwendig erschien, um den Vorgang der Verstärkung wirklich vollkommen zu verstehen. Denn der selbstbauende Funkfreund, der Bastler, wird unvergleichlich schneller vorwärts kommen, wenn er den Vorgang, der in dem von ihm zu bauenden Gerät sich abspielen soll, in seinen Voraussetzungen und Folgen nicht nur praktisch, sondern auch wissenschaftlich versteht. Die großen Erfolge amerikanischer und englischer Funkfreunde sind nicht zum geringsten Teile auf ihre gründliche, fachwissenschaftliche Vorbildung zurückzuführen. Dabei bemühte ich mich, die reiche wissenschaftliche Literatur auf dem Gebiete der Röhren- und Hochfrequenztechnik nutzbar zu machen, sie in solche Form umzugießen, daß auch der physikalisch-mathematisch wenig Geschulte ihre Ergebnisse verstehen kann. Insbesondere schulde ich den Schriften von Barkhausen und Möller Dank, aber auch den Veröffentlichungen begabter Liebhaber, wie namentlich Scott-Taggarts, verdanke ich viel Anregung, sowohl an Stoff wie in der Behandlungsweise.

Die große Bedeutung des Hochfrequenzverstärkers beruht darauf, daß die von ihm erzielte Verstärkung quadratisch in das Endergebnis eingeht. Im Niederfrequenzverstärker befindet sich das Audion oder der Detektor am Anfang, im Hochfrequenzverstärker am Ende, die in diesem erreichte Verstärkung hat daher wegen der Charakteristik von Audion und Detektor quadratische Wirkung, d. h. ein Hochfrequenzverstärker der Verstärkungszahl n wirkt ebensoviel wie ein Niederfrequenzverstärker der Verstärkungszahl n^2. Mit einem Zweiröhren-Hochfrequenzverstärker erreicht man daher eine Endverstärkung ebenso stark wie bei einem — meist unmöglichen — Vier-Röhren-Niederfrequenzverstärker, wobei die Gefahr einer überschrieenen Röhre noch wesentlich geringer, meist überhaupt nicht vorhanden ist. Infolgedessen wird man mit zweifacher Hochfrequenzverstärkung meist alles hören, was überhaupt zu hören ist, käufliche Empfänger mit mehr Hochfrequenzstufen gibt es kaum, weil sie nicht mehr nötig sind. Auch für den in Deutschland noch verhältnismäßig selten ausgeübten Rahmenempfang kommt man mit zwei Stufen fast immer aus.

Dem nicht vorgebildeten Liebhaber sei empfohlen, die Abschnitte ,,Theorie der Verstärkung", ,,Bewertung von Verstärkern" und ,,Prüfung eines Verstärkers" zunächst auszulassen. Der Inhalt der übrigen Abschnitte kann auch ohne sie verstanden werden. Die Schwierigkeiten dieser Abschnitte sind zwar nicht übergroß, immerhin wenden sie sich mehr an den Funkfreund, der schon verhältnismäßig tief in die Sache eingedrungen ist und nun auch die Wissenschaft der Verstärkung kennen lernen will. Es ließen sich aus diesem Grunde gelegentliche Wiederholungen nicht vermeiden, der Leser wird gebeten, sie damit zu entschuldigen.

Ursprünglich sollte ein Kapitel über fertig hergestellte Hochfrequenzverstärker das Bändchen beschließen. Da leider nur ein Teil der Industrie bereit war, das Material zur Verfügung zu stellen, mußte diese Absicht unterbleiben. Sollte das Bändchen eine Neuauflage erleben, soll versucht werden, das Versäumte nachzuholen.

Berlin, im Oktober 1925.

A. Hamm.

Inhaltsverzeichnis.

	Seite
A. Die Bauteile des Hochfrequenzverstärkers	1
1. Die Elektronenröhre	1
a) Die Elektronentheorie	1
b) Die Zwei-Elektrodenröhre	5
c) Die Röhre mit Gitter (Drei-Elektrodenröhre)	11
d) Die Doppelgitterröhre	19
2. Theorie der Verstärkung	23
3. Der Abstimmkreis	38
a) Abstimmkreis und Antenne	38
b) Die Rahmenantenne	47
c) Die Spulen	54
d) Berechnung von Spulen	57
e) Messung der Spulen	61
f) Die Kondensatoren	63
g) Die Hochfrequenztransformatoren	65
B. Die Schaltungen der Hochfrequenzverstärker	78
1. Einfache Verstärkung	78
2. Kapazitive und induktive Kopplung	82
a) Kapazitive Kopplung	82
b) Induktive Kopplung	85
c) Kopplung durch nicht kapazitätsfreie Spulen	86
3. Die Mittel zur Bekämpfung der Schwingungsneigung	87
a) Dämpfung durch fest gekoppelte Antenne	88
b) Dämpfung durch positives Gitterpotential	89
c) Dämpfung durch zusätzliche Widerstände	91
d) Dämpfung durch Scheinwiderstand	93
e) Dämpfung durch negative Rückkopplung	93
f) Bekämpfung der induktiven Kopplung	95
g) Kompensation der inneren Röhrenkapazität	96
C. Beschreibung vollständiger Hochfrequenzverstärker	102
1. Gedämpfte Schaltungen	102
2. Neutralisierungsschaltungen	105
D. Vielfach-Hochfrequenzverstärkung	109
E. Bewertung von Verstärkern	115
F. Prüfung von Verstärkern	119
1. Prüfung auf Übersteuerung	119
2. Messung des Verstärkungsgrades	120
Zahlentafeln	125

A. Die Bauteile des Hochfrequenzverstärkers.
1. Die Elektronenröhre.

a) Die Elektronentheorie. Vor 35 Jahren hielt Heinrich Hertz auf der 62. Versammlung deutscher Naturforscher und Ärzte seinen berühmten Vortrag über die Beziehungen zwischen Licht und Elektrizität. Es war ein weihevoller Eindruck, der in den Hörern entstand, als gewissermaßen vor ihren Augen zwei der größten Einzelgebiete der Physik sich, Maxwells Vorahnung folgend, zu einem Ganzen vereinigten. Niemand, auch der geniale Vortragende nicht, ahnte wohl damals, daß die scharfsinnigen Versuche, von denen er berichtete, nicht nur für die Wissenschaft von allergrößter Bedeutung sein, sondern daß aus ihnen auch ein neuer und ungemein zukunftsreicher Zweig der Technik entsprießen sollte. Aber nach wenigen Jahren setzte bereits, ausgehend von der Elektrochemie, eine neue wissenschaftliche Bewegung ein. Hatte die Hertz-Maxwellsche Lehre nur die elektrischen Kräfte im Raume, im „Äther" untersucht und sich um den stofflichen Ausgangspunkt dieser Kräfte so wenig gekümmert, daß sie übertreibend fragen konnte: Gibt es denn überhaupt Elektrizität?, so trat nun die Frage nach dem Wesen der Elektrizität in den Vordergrund. Und der Vater dieser Lehre, ebenso wie der Hertz-Maxwellschen, war abermals Faraday. Dieser hatte schon im ersten Drittel des neunzehnten Jahrhunderts erkannt, daß die kleinsten Bestandteile der Materie, wie sie sich in den elektrolysierten Lösungen kenntlich machten, mit elektrischen Ladungen ganz bestimmter Größe behaftet seien. Unter den Händen von van t'Hoff, Arrhenius, Ostwald, Nernst, H. A. Lorentz u. a. entwickelte sich aus diesem Ausgangspunkte die Elektronentheorie, die heute die Wissenschaft beherrscht. Die atomistische Struktur und damit die stoffliche Natur der Elektrizität sind heute unbezweifelbare Tatsachen. Freilich, die durch Hertz gewonnene Erkenntnis von der unabhängigen Existenz der elektrischen und magnetischen Kräfte konnte auch nicht in Zweifel gezogen werden, die Wellen der drahtlosen Telegraphie und Telephonie lehren uns ihre Existenz täglich auf die überzeugendste Weise. Vielmehr leben wir hinsichtlich der Auffassung vom Wesen der Elektrizität in einem noch ungelösten Dualismus. Wir kennen den Elektrizitäts„stoff", wie er in den Elektronen und den positiven Kernen der Atome sich darstellt, wir kennen auch das elektromagnetische Feld, und wir kennen einen guten Teil der beide verbindenden Gesetze. Aber wir sind heute noch recht weit davon entfernt, beides von höherer Warte aus als Einheit erkennen zu können.

Nach unserer heutigen Kenntnis besteht der Vorgang des elektrischen Stromes in einer Bewegung der kleinsten Teile der Elektrizität, der Elektronen. Die alte Vorstellung von den zwei Bestandteilen der Elektrizität, einer positiven und einer negativen Flüssigkeit, ist heute in veränderter Form wieder entstanden. Wir kennen von aller Materie abgelöste Elektronen, die eine negative Ladung konstanter Größe enthalten, wir kennen auch positiv geladene Körper, die Atomkerne, aber positive Elektrizität, frei von aller Materie kennen wir nicht. Die elektrische Ladung eines Elektrons, das Elementarquantum der Elektrizität, ist durch zahlreiche Messungen, namentlich von Millikan und seinen Schülern, genau festgestellt worden, es beträgt $1{,}56 \cdot 10^{-19}$ Coulomb. Ein Coulomb ist diejenige Elektrizitätsmenge, die bei einer Stromstärke von 1 Ampere in der Sekunde durch einen Drahtquerschnitt fließt. Wenn also sekundlich 10^{19} Elektronen, d. h. 10 Trillionen Elektronen durch den Querschnitt hindurchtreten, sprechen wir von einer Stromstärke von 1,56 Ampere. Die Bewegungsrichtung ist hierbei entgegengesetzt der von uns gewöhnlich so genannten Richtung des elektrischen Stromes, den wir uns immer vom $+$- zum $-$-Pole fließend denken. Wir sprechen von einem Gefälle, als ob der $+$-Pol auf einem Berge, der $-$-Pol im Tale läge. Die Abb. 1 veranschaulicht diese Verhältnisse.

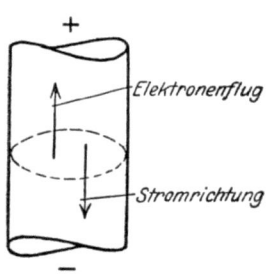

Abb. 1. Stromrichtung und Elektronenflug.

Die Elektronen bestehen nur aus Elektrizität, sie besitzen keinerlei materielle Masse. Mit dieser Erkenntnis sind wir indessen noch nicht viel weiter gekommen, denn was diese Elektrizität nun eigentlich ist, welche Kräfte (sie müssen ganz ungeheuer sein) die Ladung zusammenhalten und vor der Explosion bewahren, davon haben wir zur Zeit noch gar keine Ahnung. Den elektrischen Strom in Metallen hat man sich nun als eine Bewegung von Elektronen vorzustellen, die sich frei zwischen den Atomen des Metalles bewegen können. Die Zwischenräume der Atome sind nämlich so außerordentlich groß, daß die winzigen Elektronen sich zwischen ihnen vollkommen frei bewegen können. Man denkt sie sich dabei wie die Atome eines ganz feinen Gases, das die Zwischenräume der Metallatome ausfüllt. Durch die Zusammenstöße mit diesen entsteht Wärme, die bekannte Erhitzung eines stromdurchflossenen Körpers.

Eine materielle, chemische Masse besitzen die Elektronen, wie schon erwähnt, nicht. Bei ihrer raschen Bewegung erzeugen sie aber ein elektro-magnetisches Feld und dies besitzt eine Trägheitswirkung, es wirkt bei der Bewegung der Elektronen geradeso, als ob sie eine mechanische Masse hätten. Man spricht daher von ihrer scheinbaren oder elektromagnetischen Masse, die sich aus dem elektromagnetischen Felde zu $1{,}7 \cdot 10^{-28}$ g berechnet. Diese Masse ist konstant, nur bei Geschwindigkeiten, die der Lichtgeschwindigkeit nahekommen, wird sie größer. Die außerordentlich geringe Masse und die aus ihr folgende Beweglichkeit der Elektronen ist die Ursache ihrer Verwendbarkeit für so hoch empfindliche Relais wie es die Elektronenröhren sind. Obgleich die durch Hitze erzeugten Elektronen sog. langsame Elektronen sind, bewegen sie sich doch stets mit einer Geschwindigkeit von einigen tausend Kilometern sekundlich, wobei sie eine Strecke von 1 bis 2 cm oder weniger zu durchlaufen haben. Daher folgen sie den schnellsten elektrischen Schwingungen scheinbar völlig trägheitslos. Erst wenn die Schwingungen so schnell, d. h. die Wellenlängen so klein werden, daß die Zeitdauer einer Schwingung weniger als hundertmal so groß wird wie die Laufzeit eines Elektrons, macht sich eine Trägheitswirkung bemerkbar und begrenzt dann die Anwendung der Röhren.

Die Elektronen sind im Metall in dauernder, lebhafter Schwingungsbewegung begriffen, sie äußert sich nach außen als die Wärme des Metalls. Außerdem sind sie beweglich unter dem Einfluß elektrischer Felder. Wenn man das eine Ende des Leiters mit dem +-Pole, das andere Ende mit dem —-Pole einer Batterie verbindet, so bildet sich im Metalle ein Feld mit der Richtung vom +- zum —-Pole aus, entgegen dessen Richtung die Elektronen fließen. Sie bewegen sich also zum +-Pole hin. Aus der Oberfläche des Metalles können sie nicht austreten, weil sie durch hohe molekulare Anziehungskräfte festgehalten werden. Um diese Anziehungskräfte zu überwinden, ist große Geschwindigkeit der Elektronen nötig. Diese können sie durch Erwärmung des Metalles erhalten, bei hinreichend hoher Temperatur, die sich in heller Rot- oder gar Weißglut des Metalles kundgibt, wird ihre Schwingungsbewegung so stark, daß sie imstande sind, die molekularen Anziehungskräfte an der Oberfläche des Metalles zu überwinden und auszutreten. Daher gibt glühendes Metall Elektronen ab.

Wenn ein Metall in Luft glüht, werden die austretenden Elektronen ihre Geschwindigkeit, die nur gering ist, durch Zusammenstöße mit den Luftmolekülen bald verlieren. Anders ist es im Vakuum. Ist es schlecht, wie z. B. in den Geißlerschen Röhren, so treffen die Elektronen nur ab und zu auf ein Gasmolekül. Bei diesem Zusammenstoß werden die Gasmoleküle häufig zersplittert, von den Elektronen, die sie besitzen, wird ihnen eines, unter Umständen auch mehrere entrissen, so daß ein Rest übrigbleibt, der nun positive Ladung aufweisen muß, da das Molekül als Ganzes elektrisch neutral ist und eine negative Ladung verloren gegangen ist. Diesen Rest nennen wir Ion, man spricht davon, daß das Gas ionisiert worden sei. Bei diesem Vorgang leuchtet es auf. Ist das Vakuum aber sehr hoch, wie in unseren guten Verstärkerröhren, so können die Elektronen keine Gasionen mehr treffen, weil diese bis auf ganz geringe Reste weggepumpt sind. Daher kommt es zu keiner Leuchterscheinung mehr und die Elektronen können sich vollkommen frei bewegen. Beim Fehlen äußerer Kräfte fliegen sie nach dem Trägheitsgesetz mit unveränderter Geschwindigkeit gradlinig weiter. Werden sie aber äußeren — elektrischen — Kräften unterworfen, so werden sie in ihrer Richtung und Geschwindigkeit beeinflußt. Befinden sich beispielsweise in einer Hochvakuumröhre zwei Elektroden, von denen die eine so weit erhitzt ist, daß sie Elektronen aussendet, so treten diese nach allen Richtungen gleichmäßig aus. Verbindet man indessen beide Elektroden mit den Polen einer Batterie, so daß sich elektrische Feldlinien zwischen ihnen ausspannen, so werden die Elektronen in die Richtung dieses Feldes gezogen, sie wandern ihm entgegen und werden von ihm beschleunigt.

Bei schlechtem Vakuum werden durch die häufigen Zusammenstöße der Elektronen mit Gasmolekülen die Bewegungen sehr unregelmäßig, auch stört die Anwesenheit der positiven Ionen. Die Folge ist, daß die Erscheinungen nicht mit voller Schärfe eintreten, auch haben die Röhren Neigung zur Selbsterregung von Schwingungen, die Verstärker pfeifen leicht. Bei hohem Vakuum dagegen sind alle Erscheinungen von geradezu überraschender Regelmäßigkeit, genau wie bei einer elektrischen Maschine, bei der sich alle Vorgänge im Betriebe vorausberechnen lassen. Ein gutes Vakuum ist vorhanden, wenn der Druck weniger als $1/_{1000\,0000\,000}$ atm beträgt, also weniger als 10^{-5} mm Wassersäule oder $0{,}76 \cdot 10^{-7}$ mm Quecksilbersäule. Dazu ist nötig, daß von 1 Milliarde Molekülen alle bis auf eines weggepumpt werden. Trotzdem sind dann in einem Kubikzentimeter immer noch 28 Milliarden Moleküle enthalten.

b) Die Zwei-Elektrodenröhre. In einem Vakuum wie eben dargestellt, kann kein Strom zustande kommen, weil die Träger des Stromes, die Elektronen, fehlen, man muß sie erst künstlich hineinbringen. Diesem Zweck dient die Glühkathode, auch Heizfaden oder Brenner genannt. Kathode heißt sie deshalb, weil sie mit dem negativen Pole der Hochspannungsbatterie verbunden ist, man stellte sich den negativen Pol als tiefer liegend vor, zu dem Strom „hinab" fließt ($\varkappa\acute{\alpha}\tau\omega$ = hinab). Das beschäftigt uns indessen vorläufig noch nicht, wir betrachten die Rolle des Glühfadens ganz für sich. Dazu stellen wir uns eine hoch ausgepumpte Röhre, wie in Abb. 2 skizziert, vor, das luftleere Gefäß enthält einen Faden aus dünnem Wolframdraht und einen ihn eng umgebenden Zylinder aus einem ähnlichen, schwer schmelzbaren Metalle. An die herausragenden Enden des Fadens schließen wir über einen regelbaren Widerstand die Pole einer kleinen Akkumulatorenbatterie von 6 Volt an.

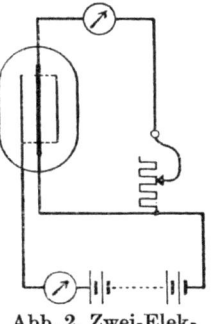

Abb. 2. Zwei-Elektrodenröhre.

Würden wir eine Batterie von noch so hoher Spannung mit dem Zylinder einerseits, dem Wolframfaden andererseits verbinden, so könnte kein Strom fließen, das hohe Vakuum ist der denkbar beste Isolator. Wenn wir jetzt den Widerstand im Kathodenkreise mehr und mehr verkleinern, so wächst der durch den Draht fließende Strom an, und der Draht kommt so allmählich ins Glühen. Wie wir früher gesehen hatten, geraten dabei die im Metalle enthaltenen Elektronen in so heftige Schwingungsbewegung, daß sie die Oberfläche des Metalles durchbrechen und in das Vakuum hinaustreten. Dort verteilen sie sich ganz unregelmäßig, ein Teil wird wahrscheinlich auf dem Zylinder landen, der größte Teil wird als Wolke den Draht umgeben. Da nun gleichnamige Elektrizitäten sich immer abstoßen, wirken diese schwebenden Elektronen, die „Raumladung", abstoßend auf die neu aus dem Drahte austretenden Elektronen und treiben sie sogar wieder dahin zurück.

Die ganz regellos den Brenner verlassenden Elektronen bekommen aber mit einem Male eine Richtung, wenn man den Zylinder mit dem positiven, den Heizdraht mit dem negativen Ende einer Batterie verbindet. Der Zylinder erhält dann eine positive, der Brenner eine negative Ladung, und zwischen zwei entgegengesetzten Ladungen spannen sich die sog. elektrischen Feldlinien, die weiter nichts sind als die Richtung, in der die elektrischen Kräfte verlaufen. Es entsteht ein elektrisches Feld, wie man es kurz nennt. Wir betrachten immer die positive Ladung als Ausgangspunkt der Feldlinien, noch ein Überbleibsel aus der Jugendzeit der Elektrizitätslehre, heute wissen wir, daß die wirkliche Richtung des Stromes umgekehrt ist. Diesen Linien entlang werden die Elektronen gezogen, gerade wie die Eisenfeilspäne entlang den magnetischen Feldlinien, mit denen ein Magnet seine Umgebung erfüllt. Im Innern der Röhre haben wir dann zwei Stromkreise, die wir scharf unterscheiden müssen. In Abb. 3 sind diese beiden Stromkreise dargestellt. Der ausgezogene Stromkreis ist der Heizstromkreis, er schließt sich rein metallisch über den Wolframfaden. Der zweite, gestrichelt gezeichnete schließt sich von der großen Batterie über den Zylinder und das durch die Elektronen schwach leitend gemachte Vakuum zum Heizdrahte, und durch dessen negativen Anschluß wieder zurück. Beide Stromkreise sind voll-

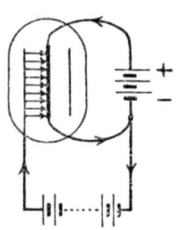

Abb. 3. Stromkreise in der Zwei-Elektrodenröhre.

kommen unabhängig voneinander, obwohl sie den Heizdraht und dessen negativen Anschluß gemeinsam haben. Der Stromkreis der Hochspannungsbatterie wird allerdings erst geschlossen, wenn der Heizstromkreis geschlossen ist und der Faden glüht, denn sonst liegt in seinem Wege das vollkommen isolierende Vakuum.

Wir können hier schon sehen, daß der Strom der Hochspannungsbatterie nur in einer Richtung fließen kann, nämlich so, daß der positive Pol am Zylinder liegt. Dann werden die den Brenner verlassenden Elektronen zu ihm hingezogen und machen so das Vakuum leitend, würde man den negativen Pol der Hochspannungsbatterie an den Zylinder legen, so würden die Elektronen abgestoßen (gleichnamige Elektrizitäten stoßen sich ab!) und ein Strom im Vakuum käme nie zustande. Wir haben eine sog. Ventil- oder besser Gleichrichterwirkung vor uns. Wenn nämlich im Stromkreise der Hochspannungsbatterie ein Wechselstrom flösse, bei dem also positive und negative Wellen rasch aufeinander folgen, so könnten nur diejenigen Wellen durchgelassen werden, deren positiver Teil an den Zylinder gelangt, eine dorthin kommende negative Welle prallt ab und kommt nicht durch. Das ist wichtig zum Verständnis der Röhre als Detektor oder Audion. Auch beruhen darauf besondere Gleichrichterkonstruktionen, die z. B. zum Aufladen der Akkumulatoren im Gebrauche sind.

Nun ist es ohne weiteres klar, daß die Zahl der aus dem Heizdrahte austretenden Elektronen von seiner Temperatur abhängt. Je höher sie ist, um so schneller schwingen die Elektronen in ihm, um so mehr von ihnen erlangen die Kraft, die Oberfläche zu durchbrechen. Bei unsern gewöhnlichen Röhren mit Wolframdraht muß man bis zu heller Weißglut heizen, um eine genügende Anzahl von Elektronen zu bekommen. Wenn man aber dem Wolfram eine unendlich dünne Schicht von Thorium überlegt (so dünn, daß immer nur ein Atom Thorium auf dem Wolfram liegt), so wird die Elektronenemission gleich viele hundertmal größer. Ebenso, wenn man den Wolframfaden mit einer Schicht von Kalziumoxyd bedeckt. Dieses Oxyd ebenso wie verschiedene ähnliche Oxyde hat die Fähigkeit, Elektronen festzuhalten, nur in geringem Grade, so daß sie in Massen austreten, wenn das darunterliegende Metall nur mäßig warm wird. Infolgedessen braucht man bei Röhren solcher Konstruktion den Faden nur schwach zu heizen, dunkle Rotglut genügt schon, um eine ebenso große Zahl von

Elektronen hinauszutreiben, wie aus einem Wolframfaden bei heller Weißglut austreten. Das wirkt sehr günstig auf die Lebensdauer der Röhre ein. Je heller das Metall glüht, um so schneller zerstäubt es, um so eher ist die Röhre auch durchgebrannt. Eine Wolframfadenröhre hat eine Lebensdauer von höchstens 800 bis 1000 Brennstunden, eine Sparröhre kann dagegen leicht eine solche von 5000 Brennstunden erreichen.

Wir schalten nunmehr die Hochspannungsbatterie ein und beobachten den in ihrem Stromkreise liegenden Strommesser. Zunächst wollen wir nur einen kleinen Teil der Batterie einschalten, so daß also eine geringe Spannung an Zylinder und Kathode liegt. Dann wird der Strommesser keinen oder nur einen ganz geringen Ausschlag zeigen. Wer etwa geglaubt hätte, beim Anlegen eines noch so kleinen positiven Potentials an den Zylinder, wir wollen ihn künftig die Anode nennen (ἄνω heißt hinauf, die Bezeichnung ist aus derselben Vorstellung hervorgegangen wie die der Kathode) würden sofort alle aus dem Draht austretenden Elektronen zu ihm hinübergezogen, wird enttäuscht sein. Die Annahme, daß die Anziehungskraft der positiv geladenen Anode dazu ausreichend sei, ist freilich richtig, aber es sind die von der Raumladung ausgehenden, abstoßenden Kräfte, die es verhindern, daß sogleich alle Elektronen zur Anode wandern. Erhöhen wir nun die Spannung durch Zuschalten weiterer Batterieteile, so vergrößert sich der Ausschlag des Stromzeigers immer mehr, an einem Punkte beginnt er sehr stark zu steigen und bleibt dabei eine Zeitlang, bis er wieder schwächer und zuletzt überhaupt nicht mehr steigt. Den in diesem Zustande fließenden Strom nennen wir den Sättigungsstrom der Röhre, die dabei herrschende Spannung die Sättigungsspannung.

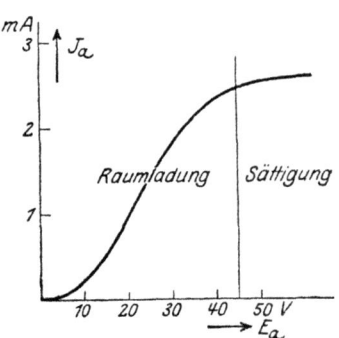

Abb. 4. Röhrenkennlinie.

Das gewonnene Ergebnis wollen wir einmal in einer Zeichnung auftragen. Die Abb. 4 zeigt es. Au der senkrechten Achse sind die gemessenen Stromstärken, auf der wagerechten die dazu gehörigen Spannungen aufgetragen. Die Abbildung zeigt uns deutlich, wie die wachsende Spannung an der Anode immer mehr die entgegenwirkenden Kräfte der Raumladung überwindet und Elektronen zur Anode hinüberzieht, bis schließlich bei Sättigung sämtliche aus dem Drahte austretenden Elektronen zur Anode hinüberwandern. Dadurch ist die Erscheinung des Sättigungsstromes bedingt. Bei einer bestimmten Heizstromstärke und der dadurch bedingten Fadentemperatur tritt immer eine ganz bestimmte Anzahl von Elektronen aus dem Faden aus, die bedingt ist durch die Größe der Oberfläche des Drahtes, das Material, aus dem er hergestellt ist, und die Temperatur. Sie ist gegeben durch die Richardsonsche Formel

$$J_s = A \cdot F \sqrt{T} \cdot \varepsilon^{-\frac{B}{T}},$$

wobei A und B vom Material des Glühdrahtes abhängige Zahlen, T die absolute Temperatur (d. h. Celsiusgrade $+ 273$), F die Fadenoberfläche und ε die Basis der natürlichen Logarithmen, die Zahl 2,718 bedeutet. Dieser Sättigungsstrom tritt nur auf, wenn die Anodenspannung mindestens gleich der Sättigungsspannung ist. Wir trennen danach den von der Kurve Abb. 4 durchgezogenen Raum in zwei Gebiete, links von der starken, senkrechten Linie ist das Raumladungsgebiet, rechts das Sättigungsgebiet.

Wir haben vorausgesetzt, daß der Glühfaden so hoch als möglich geheizt wird, um einen recht großen Sättigungsstrom zu erzielen. Meistens wird das wohl auch der Fall sein, indessen kommt es doch unter Umständen vor, daß eine andere Heizung sich als vorteilhaft erweist. Namentlich aber bei den modernen Ultraröhren hat man in der Bemessung der Heizung einen großen Spielraum, gewöhnlich werden sie nur bis zu dunkler Rotglut geheizt, man kann aber, wenn es nötig ist, viel kräftiger heizen, freilich auf Kosten der Lebensdauer. Deshalb ist es wichtig, zu untersuchen, was sich ereignet, wenn man die Heizung verändert.

Zunächst ist es klar, daß sich mit zunehmendem Heizstrome die Zahl der aus dem Brenner austretenden Elektronen erhöht, und zwar sehr stark. Den Vorgang des Austritts nennen wir Emission, die Gesamtmenge der sekundlich austretenden Elektronen den Emissionsstrom. Die Abb. 5 zeigt an dem Beispiele einer älteren Empfangsverstärkerröhre die außerordentlich schnelle Zunahme des Emissionsstromes bei steigendem Heizstrome. Das ist aber nicht die einzige Veränderung. Die ganze Kennlinie, wie sie in Abb. 4 gezeigt wurde, steigt schneller an, die Spannung, bei der Sättigung eintritt, nimmt gleichfalls zu. Die Abb. 6 zeigt bei drei verschiedenen Heizströmen aufgenommene Kennlinien

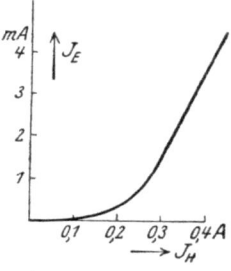

Abb. 5. Heiz- und Emissionsstrom.

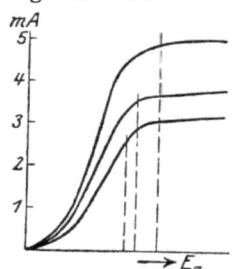

Abb. 6. Kennlinie bei wachsender Heizung.

ein und derselben Röhre. Für uns ist namentlich das Steilerwerden der Kennlinie wichtig, wie wir bei der Theorie der Verstärker sehen werden. Außerdem wollen wir beachten, daß das obere Umbiegen der Kennlinie mehr hinausgeschoben wird. Die gestrichelten senkrechten Linien zeigen den mittleren Punkt dieses Knickes an, man sieht, daß seine Entfernung vom Anfangspunkte der Kennlinie immer größer wird. Man drückt dies so aus, daß die Charakteristik mit stärkerer Heizung länger wird. Auch das ist für die Verstärkung ein wichtiger Punkt, durch dessen Beachtung unter Umständen eine vorhandene Verzerrung des Verstärkers beseitigt werden kann. Wichtig ist ferner, daß uns die verschiedene Heizung die Möglichkeit gewährt, den Emissionsstrom hoch zu halten bei niedriger Anodenspannung, wodurch sich gelegentlich einer Neigung der Verstärker zum Pfeifen wirksam begegnen läßt.

Zum Schlusse unserer Betrachtung der Röhre mit zwei Elektroden fragen wir uns, was denn mit den Elektronen wird, die durch das elektrische Feld zur Anode hinübergezogen werden. Sie haben durch die Beschleunigung, die ihnen die Anziehungskraft der positiv geladenen Anode erteilt, eine hohe Geschwindigkeit (mehrere 1000 km in der Sekunde) und damit trotz ihrer Kleinheit eine erhebliche lebendige Kraft erlangt. Da auch ihre Zahl sehr groß ist, ist die in ihnen aufgespeicherte Energie nicht gering. Indem sie auf die Anode aufprallen, dringen sie in sie ein und geben ihre lebendige Kraft an die im Anodenblech enthaltenen Elektronen ab, diese durch den heftigen Stoß in ungemein schnelle Schwingungen versetzend. Damit steigt aber, wie wir früher gesehen hatten, die Temperatur des Metalles und tatsächlich kann die Anode durch das Elektronenbombardement rotglühend werden und sogar schmelzen. Dieses Glühen wird bei den Verstärkerröhren allerdings nur eintreten, wenn man die Anordenspannung sehr hoch nimmt, während es bei großen Senderöhren im normalen Betriebe sehr häufig vorkommt. Die dabei an die Anode abgegebene Wärmeleistung ist einfach gleich dem Produkt aus Emissionsstrom und Anodenspannung. Daher spricht man auch vom inneren Widerstande der Röhre, denn sie verhält sich geradeso wie ein gewöhnlicher Widerstand, dessen Ohmbetrag gleich Anodenspannung dividiert durch Emissionsstrom ist. Auch in diesem wird eine Leistung $L = e \cdot i = i^2 w$ verzehrt. Dieser innere Widerstand einer Röhre, den zu kennen für den Aufbau eines Verstärkers sehr wichtig ist, kann wie jeder gewöhnliche Widerstand durch eine Meßbrücke gemessen werden.

c) **Die Röhre mit Gitter (Drei-Elektrodenröhre).** Die Hochvakuumröhren, die uns in der Praxis begegnen, haben sämtlich, außer der fadenförmigen Glühkathode und der — sie meist als Zylinder umgebenden Anode — noch eine dritte Elektrode, die zwischen ihnen beiden liegt, das Gitter. Es wird in den verschiedensten Formen ausgeführt, als wirkliches Gitter aus einzelnen Stäben, gradeso wie ein Gartengitter, als Drahtnetz aus feinstem Wolframdraht oder als eine in engen Schraubengängen aufgewickelte Drahtspirale. Seine Aufgabe ist stets dieselbe, den Emissionsstrom, der das zwischen Kathode und Anode liegende Gitter durchsetzt, zu steuern. Das geschieht, indem man dem Gitter eine elektrische Ladung erteilt. Es ist uns bekannt, daß gleichnamige Elektrizitäten sich abstoßen, ebenso, daß die Elektronen stets negative Ladung haben. Erteilt man nun dem Gitter eine negative Ladung, so wird es die aus dem Heizdrahte austretenden Elektronen abstoßen, und da sie das Gitter durchsetzen müssen, um zur Anode zu gelangen, so ist ihnen der Weg zur Anode entweder erschwert — wenn das Gitter schwach negativ geladen ist — oder ganz versperrt, wenn die Ladung des Gitters stark negativ ist. Das Entgegengesetzte tritt ein, wenn das Gitter eine positive Ladung erhält. Wir kennen die Raumladung, die sich um den glühenden Draht herum bildet und durch die von ihr ausgehenden negativen Feldlinien die Elektronen daran hindert, den Draht zu verlassen. Erhält aber das Gitter eine positive Ladung, so heben deren Feldlinien die negativen der Raumladung auf und der ganze Elektronenschwarm kann zur Anode herüberfliegen, der Emissionsstrom nimmt stark zu, auch wieder entsprechend der Höhe der positiven Spannung am Gitter. Natürlich werden dabei lange nicht alle Elektronen an die Anode gelangen, das positiv geladene Gitter zieht sie ja an — entgegengesetzte Ladungen ziehen sich an — und fängt ein gutes Teil von ihnen ab. Wie sie dann weiter fließen, werden wir später sehen.

Erteilt man nun in raschem Wechsel dem Gitter positive und negative Ladungen, so folgt den Schwankungen der Gitterspannung der Emissionsstrom ohne Verzögerung. Das heißt die Spannungsschwankungen am Gitter setzen sich nun in Stromschwankungen des Emissionsstromes um. Durchfließt der Anodenstrom einen Widerstand, etwa einen Silitstab oder eine Drosselspule oder einen Transformator, so entsteht in diesem ein Spannungsabfall, der natürlich auch wechselt, entsprechend den Wechseln des Anodenstromes. Diese werden aber viel höher sein als die am Gitter auftretenden Spannungsschwankungen. Darauf beruht die ganze Verstärkung. Ein Beispiel werden wir weiterhin betrachten.

Bisher haben wir die Dinge sehr vereinfacht betrachtet, indem wir von dem Vorhandensein der positiven Feldlinien, die die Anode aussendet, überhaupt nicht Notiz nahmen. Nun sind diese aber auch noch vorhanden und wirksam, es muß also der Emissionsstrom auch ihrem Einflusse unterliegen. Um uns die tatsächlichen Verhältnisse klarzumachen, gehen wir auf den Aufbau der Röhre aus zwei Stromkreisen zurück. Wir betrachten die beiden kleinen Kondensatoren, die die Abb. 7 zeigt, deren einer die Kapazität der Anode gegen den Heizdraht, deren anderer die Kapazität des Gitters gegen den Heizdraht darstellt.

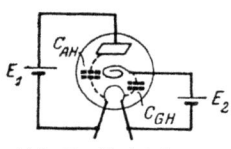

Abb. 7. Entstehung des Durchgriffs.

Liegt zwischen Anode und Kathode die Spannung E_1, so entsteht nach einer bekannten Gleichung der Elektrostatik auf der Kathode durch Influenz die Elektrizitätsmenge

$$Q_1 = C_{AH} \cdot E_1.$$

Die zwischen Gitter und Kathode liegende Spannung E_2 ruft dagegen auf der Kathode die Ladung
$$Q_2 = C_{GH} \cdot E_2$$
hervor. Insgesamt entsteht also auf der Kathode eine Ladung
$$Q = C_{AH} \cdot E_1 + C_{GH} \cdot E_2 \, .$$
Diese beiden Kapazitäten sind ein Teil der inneren Röhrenkapazität und wir nennen sie deshalb Teilkapazitäten. Ihr Verhältnis
$$\frac{C_{AH}}{C_{GH}} = D$$
nennen wir den Durchgriff, damit schreibt sich unsere obige Gleichung folgendermaßen:
$$Q = C_{GH}(E_G + D \cdot E_A) \, .$$
Die in der Klammer stehende Größe ist eine Summe aus zwei Spannungen, von denen die Anodenspannung mit einem stark verkleinernden Faktor — D ist gewöhnlich sehr viel kleiner als 1 — multipliziert ist. Diese Größe ist daher auch eine Spannung und heißt die Steuerspannung, denn sie ist es, die den Emissionsstrom wirksam beeinflußt, ihn steuert. Der Name Durchgriff aber rührt daher, daß diese Größe ausdrückt, wieviel Prozent der Anodenfeldlinien zwischen den Drähten des Gitters hindurchgreifend, noch steuernd auf den Emissionsstrom wirken.

Unsere Röhre mit Anode, Kathode und Gitter verhält sich also ebenso wie die früher untersuchte Röhre mit Anode und Kathode allein, nur daß wir die Anodenspannung, die wir früher unserer Betrachtung zugrunde legten, ersetzen müssen durch die Steuerspannung. Wie sich die Steuerspannung aus Anoden- und Gitterspannung zusammensetzt, ist ganz gleichgültig für das Ergebnis, nämlich die Höhe des Emissionsstromes. Man erhält denselben Emissionsstrom, wenn man die Gitterspannung um x Volt erhöht und die Anodenspannung gleichzeitig um x/D Volt herabsetzt, weil dabei die Steuerspannung unverändert bleibt. Dies zeigt leicht die Gleichung
$$(e_g + x) + D\left(E_a - \frac{x}{D}\right) = e_g + D \cdot E_a \, .$$
Die Steuerspannung ändert sich also nicht.

Aus dieser Betrachtung folgt etwas sehr Wichtiges. Wir können bei konstanter Anodenspannung den Emissionsstrom ändern, indem wir die Gitterspannung verstellen. Da aber der Emissionsstrom sich nach keinem anderen Gesetze ändern kann, als wir bereits kennen gelernt haben, so können wir auf diese Weise eine Kennlinie der Röhre aufnehmen, die wir bei der Zwei-Elektrodenröhre nur durch Veränderung der Anodenspannung aufnehmen könnten. Diese durch Veränderung der Steuerspannung erzeugte Kennlinie unterscheidet sich in der Form gar nicht von der früher gezeichneten. Nur die Größe, die wir auf der wagerechten Achse auftragen, ist eine andere. Wir könnten zwar die Steuerspannung auftragen, zweckmäßiger ist es aber, die Gitterspannung zu wählen, weil diese unmittelbar gemessen wird. Eine solche Kennlinie zeigt die Abb. 8 für zwei Fälle, an dem Beispiele einer modernen Sparröhre. Wir sehen, wie für eine Anodenspannung von 50 V der Anodenstrom bereits bei — 15 V mit genauen Instrumenten festzustellen ist, bei — 10 V sind wir im unteren Knick, gleich darauf beginnt der geradlinige Teil. Der obere Knick liegt bei etwa + 10 V, dann beginnt der Sättigungsstrom zu fließen. Die senkrechte Achse, die 0 V Gitterspannung bedeutet, liegt hier mitten im gradlinigen Teile der Charakteristik.

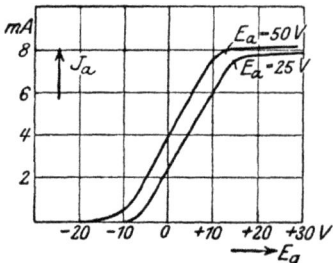

Abb. 8. Kennlinie bei verschiedener Anodenspannung.

Die zweite Kennlinie ist bei 25 V Anodenspannung aufgenommen. Wir sehen, daß der Strom erst bei etwas höheren, weniger stark negativen Gitterspannung anfängt in merkbarer Stärke zu fließen. Auch erreicht er nicht ganz die Höhe wie bei 50 V Anodenspannung. Im übrigen ist diese Kurve ein getreues Abbild der vorigen, nur liegt sie gegen diese nach rechts verschoben. Die Mittelsenkrechte, die 0 V Gitterspannung bedeutet, durchschneidet sie schon kurz nach dem unteren Knicke. Würden wir eine noch niedrigere Anodenspannung nehmen, so würde die Kurve noch weiter nach rechts liegen, umgekehrt würde eine höhere Anodenspannung als 50 V zur Folge haben, daß die Kurve noch links von der ersten läge, vielleicht ganz im negativen

Gitterspannungsgebiet. Die 0-Achse [würde sie dann im Gebiet der Sättigung durchschneiden.

Für den Aufbau eines Verstärkers ist diese Betrachtung ungemein wesentlich. Wenn wir uns die einfache Schaltung eines Hochfrequenzverstärkers vorstellen, wie sie Abb. 9 zeigt, so sehen wir, daß Gitter und Kathode der Röhre an einem Teile der Windungen der Antennenspule liegen, so daß am Gitter eine Hochfrequenzspannung auftritt, von gleicher Größe wie sie in diesen Windungen erzeugt wird. Angenommen diese Spannung schwanke zwischen $+ 10$ und $- 10$ V (bei Hochfrequenzverstärkung kommen so starke Spannungsschwankungen nicht vor, das erleichtert sie wesentlich, braucht uns hier aber noch nicht zu kümmern). Die Anodenspannung soll 50 V betragen.

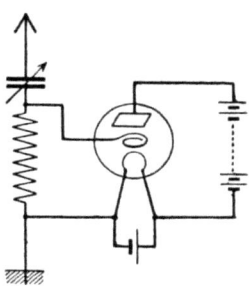

Abb. 9. Einfachster Verstärker.

Im spannungslosen Zustande des Gitters fließt ein Ruhestrom von 4 mA. Jetzt steigt die Spannung auf $+ 5$ V, der Anodenstrom auf 6 mA. Die Spannung steigt weiter auf $+ 10$ V, der Anodenstrom auf 7,5 mA. Die Spannung steige weiter auf $+ 12,5$ V, der Anodenstrom steigt nur noch bis 8 mA, denn wir haben schon Sättigung erreicht. Weiter kann er nicht steigen und folgt somit einem weiteren Spannungsanstiege nicht mehr. Wenn also die Spannungswelle ein Aussehen hat, wie Abb. 10 es zeigt (sinusförmig heißt das in der Elektrotechnik), so bekommt die Stromwelle ein Aussehen nach Abb. 11, sie ist trapezartig. Die Verstärkung ergibt also eine Verzerrung.

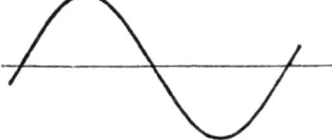

Abb. 10. Sinusförmige Stromkurve.

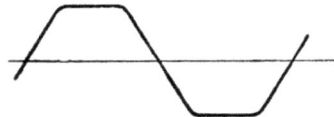

Abb. 11. Verzerrte Stromkurve.

Wenn die Spannung aber um ebensoviel unter Null fällt, wie sie über Null gestiegen ist, so folgt ihr der Strom beständig bis etwa $- 10$ V, dann nimmt er nur noch unmerklich ab und wir erhalten auch hier Verzerrung. Wir nennen diesen Zustand das Überschrieenwerden der Röhre, die an das Gitter gelangende Spannung ist größer, als sie von der Röhre verstärkt zu werden vermag. Das wird dann der Fall sein, wenn man zu sehr verstärkt, die letzte Röhre wird leicht überschrieen. Man muß dann die an ihrem Gitter liegende Spannung herabsetzen, das kann dadurch geschehen, daß man die Antennenabstimmung etwas verstimmt oder weniger Rückkopplung nimmt. Am besten schaltet man die letzte Röhre ab.

Hätten wir nur 25 V Anodenspannung genommen, so würden die Verhältnisse ungünstiger liegen. Denn wir könnten zwar hier die Spannung von $0 \div + 12{,}5$ V ansteigen lassen, ohne daß Verzerrung eintritt, aber sie dürfte nur bis auf -4 V sinken. Wir würden also schon bei viel kleineren Spannungsschwankungen die Grenze der verzerrungsfreien Verstärkung erreichen.

Das ist aber keineswegs bei allen Röhren so, daß man bei 50 V eine günstigere Verstärkung erreicht als bei 25, oder etwa bei mehr als 50 V noch mehr. Jede Röhre hat eine andere Lage ihrer Charakteristik, die der Erbauer eines wirkungsvollen Verstärkers wohl kennen muß.

Unter Umständen kann es aber wünschenswert sein, eine höhere Anodenspannung zu nehmen, man muß dann den Nachteil, daß die Charakteristik nicht so günstig liegt, in Kauf nehmen. Wenn wir etwa bei $+ 70$ V Anodenspannung arbeiten wollen, wird die Kennlinie von der senkrechten Nullinie kurz vor dem oberen Knick durchschnitten, etwa in der Höhe von 6 mA Anodenstrom (vgl. Abb. 12). Dieser Arbeitspunkt liegt nun ungünstig, wir können nicht ebensoviel verstärken wie vorher. Wir müssen deshalb versuchen, den Arbeitspunkt trotz der hohen Anodenspannung in die Mitte der Röhrenkennlinie zu verlegen. Nehmen wir die Mitte und gehen von ihr senkrecht nach unten, so sehen wir, daß dieser Punkt über dem Werte -6 V Gitterspannung liegt. Das bedeutet, daß, wenn wir dem Gitter von vornherein ein negatives Potential von 6 V geben, wir den Arbeitspunkt in der Mitte der Röhrenkennlinie haben, der also für die Verstärkung die günstigsten Verhältnisse bietet. Wir erreichen das, indem wir durch eine Gleich-

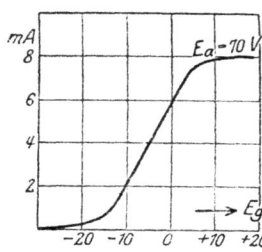

Abb. 12. Verzerrung durch ungünstige Anodenspannung.

stromquelle das Gitter auf — 6,0 V aufladen, und zwar gegen das negative Ende des Heizfadens gerechnet. Entweder werden zwischen Gitter und Heizfaden einige Elemente geschaltet, oder man benutzt die Tatsache, daß im Heizwiderstand ein Spannungsabfall stattfindet. Hierzu kann uns die Schaltung Abb. 13 dienen. KK sind die beiden Pole der Kathode, G ist das Gitter. In der Zuleitung vom negativen Pole der Heizbatterie zum Faden liegt der übliche Regulierwiderstand. Die Batterie habe 6 V, der Faden verbrauche 1,5 V. Im Regulierwiderstand findet dann ein Spannungsabfall von 4,5 V statt, da das Gitter mit seinem Anfang verbunden ist, ist es um 4,5 V negativer als der negative Pol des Heizfadens. Damit ist auf einfachste Weise die beabsichtigte „Vorspannung" erreicht.

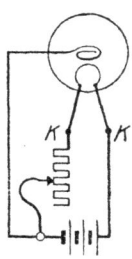

Abb. 13. Negative Gittervorspannung.

Eine beliebig einstellbare Höhe der Vorspannung, ohne Rücksicht auf die Einstellung des Regulierwiderstandes, erreicht man durch die Spannungsteiler- oder Potentiometerschaltung. Diese ist in Abb. 14 dargestellt. Ein Widerstand, der zweckmäßigerweise einen hohen Wert hat, damit nicht zuviel Strom darin verloren geht, überbrückt die Heizbatterie, der verschiebbare Kontakt ist mit dem Gitter verbunden. In der Stellung ganz links erhält das Gitter dieselbe Spannung gegen das negative Heizfadenende wie im vorigen Falle, nämlich — 4,5 V. Schiebt man den Kontakt immer mehr nach rechts, so kommt man dem Gitterpotential 0 immer näher, je mehr man sich der Mitte des Widerstandes nähert, überschreitet man sie, so erhält das Gitter positive Spannung. Auch das kann u. U. wünschenswert sein, wie wir später sehen werden. Deshalb ist die Potentiometerschaltung, die eine vollkommene Umkehr der Spannungsrichtung ohne Auswechseln irgendwelcher Leitungen zu erreichen gestattet, ein wertvolles Hilfsmittel.

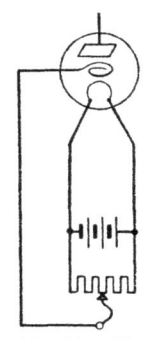

Abb. 14. Veränderliche Gittervorspannung durch Spannungsteiler.

Die Kennlinie für 50 V Anodenspannung lag so, daß ihre Mitte auf 0 V Gitterspannung kam, hier wäre es also ungünstig, dem Gitter eine besondere negative Vorspannung zu geben. Deshalb nimmt man, da der Faden einer modernen Röhre meist etwa 1,5 V verbraucht, die Heizbatterie zweckmäßig nicht für mehr als 3, höchstens 4 V. Die kleine negative Vorspannung von 1,5 bis 2,5 V ist auf alle Fälle günstig. Sie verhindert es, daß das Gitter Elektronen auffängt. Es gilt nämlich der Satz: sobald eine Elektrode, sei es Gitter oder Anode, eine negative Spannung von mehr als 2 V gegenüber dem Heizdrahte besitzt, muß der Strom zu ihr gleich Null werden, so daß der gesamte Emissionsstrom zur anderen Elektrode geht. Das beruht auf der Abstoßung gleichnamiger Elektrizitäten. Würde das Gitter Elektronen abfangen so würden sie abzufließen suchen, es würde ein Gitterstrom fließen und im Gitterkreise eine gewisse Leistung verbraucht werden. Diese könnte nur aus den Schwingungen herrühren, die die einfallenden Wellen durch Resonanz erzeugen, daher würden sie stark gedämpft werden, weil ihre Energie nur gering ist. Das ist aber sehr unerwünscht, sowohl der erzielten Lautstärke, wie auch der scharfen Resonanzeinstellung wegen. Indem man dem Gitter 1 bis 2 V negative Vorspannung gibt, vermeidet man es, ohne die Steuerfähigkeit des Gitters im geringsten zu schwächen.

Natürlich liegen nicht bei allen Röhren die Kurven so wie eben beschrieben, sie können sowohl nach rechts wie nach links verschoben sein. Das gibt unzweifelhaft eine Schwierigkeit für den Funkfreund, der einen fertigen Apparat benutzt und eine neue Röhre einzusetzen hat. Denn der Apparat ist natürlich, was Gittervorspannung und Anodenspannung anbelangt, einer bestimmten Röhrentype angepaßt und wird daher unter Umständen bei einer anderen Röhre schlechtere Ergebnisse zeitigen. Jedoch ist im allgemeinen nicht zu erwarten, daß der Unterschied sehr groß ist. Nur sei davon gewarnt, etwa durch hohe Anodenspannungen oder hohe Heizspannungen gute Ergebnisse erzwingen zu wollen. Wie wir sahen, rückt bei hoher Anodenspannung die Kurve weit nach links, sie wird von der Mittelsenkrechten, die 0 V Gitterspannung bedeutet, zu kurz vor dem oberen Knick oder gar hinter ihm geschnitten, dann bekommt man entweder Verzerrung oder schließlich sogar überhaupt keine Verstärkung mehr, denn sowie der Arbeitspunkt im Sättigungsgebiete liegt, hört alle Verstärkung auf. Aus einer Betrachtung der Kennlinie folgt das ohne weiteres, Schwankungen der Gitterspannung haben ja dann keine Schwankung des Anodenstromes mehr im Gefolge. Bei zu hoher Heizspannung ist das Umgekehrte der Fall. Die Kennlinie rückt nach rechts hinüber, sie wird von der Nullinie vielleicht kurz vor, vielleicht auch hinter dem unteren Knicke geschnitten und wir haben dieselbe Erscheinung wie eben. Diese Gefahr ist sogar größer, weil bei erschöpften Elementen man zu leicht dazu greift, ein paar andere Elemente mit ihnen hintereinander zu schalten.

Dem Funkfreunde, der sich selbst einen Apparat bauen will, sei angeraten, sich die Kennlinie der von ihm benutzten Röhre zu verschaffen, oder, was nicht schwierig, aber ganz interessant ist, sie selber aufzunehmen. Er wird dann an Hand der vorstehenden Darlegungen imstande sein, zu bestimmen, welche Größen für ihn am geeignetsten sind.

Lehrreich ist auch ein leicht anzustellender Versuch, die Veränderung der Verstärkung bei zunehmender Anodenspannung zu beobachten. Man wird nach einer schönen und klaren Wiedergabe einen Punkt finden, an dem hörbare Verzerrung eintritt und einen anderen, an dem die Verstärkung überhaupt aufhört, so daß gar nichts mehr zu hören ist. Dazu werden freilich mehrere Anodenbatterien hintereinander geschaltet werden müssen, um die nötige hohe Spannung zu erzielen. Man muß sich dabei vorsehen, daß die Anode nicht zerstört wird. Denn mit zunehmender Anodenspannung wird die Geschwindigkeit der Elektronen immer größer, und beim Aufprallen auf die Anode erhitzen sie diese immer mehr. Wird die Anode also hellrotglühend, so breche man den Versuch lieber ab, wenn man nicht eine Röhre opfern will.

d) Die Doppelgitterröhre. Betrachten wir noch einmal die Röhrencharakteristik der Abb. 8. Diese Kennlinie erstreckt sich von einer Gitterspannung von $-10\,\text{V}$ (in der Mitte des unteren Knickes) bis zu $+10\,\text{V}$ (in der Mitte des oberen Knickes). Diese Zahlen sind an der wagerechten Achse abzulesen. Wir sagen dann, die Charakteristik habe eine Länge von 20 V. Die in der Antennenspule erzeugte Spannung betrage z. B. nur 2 V und liege rechts und links je 1 V von der Nullinie entfernt. Wir nutzen also von der Länge der Kennlinie nur einen kleinen Teil aus. (Das wird bei der ersten, wohl auch bei der zweiten Röhre von Hochfrequenzverstärkern stets der Fall sein, denn die ankommenden Spannungen sind außerordentlich gering, oft nur Tausendstel oder gar Millionstel Volt, das erklärt die Möglichkeit der Reflexschaltung, bei der die nicht ausgenutzte Kennlinie zur Niederfrequenzverstärkung nochmals verwendet und dann in ihrer ganzen Länge ausgenutzt wird.) Wie uns die Abbildung zeigt, steigt der Strom, der im Ruhezustande 4 mA beträgt, bei der größten positiven Gitterspannung nur um 0,2 mA, er sinkt bei der größten negativen Gitterspannung um ebensoviel. Das Maß der erreichbaren Verstärkung hängt von dieser Stromschwankung ab. Können wir sie bei derselben Röhre durch irgendein Mittel vergrößern, so vergrößern wir damit auch die erzielbare Verstärkung. Dazu ist das einzig verfügbare Mittel, den Anstieg der Kurve zu beeinflussen. Diese Größe, die Steilheit ist für die Verstärkung außerordentlich wichtig. Die Abb. 15 zeigt, wie das gemeint ist. Hier ist nur der Abschnitt der Kennlinie herausgezeichnet, der in dem Arbeitsbereich der eben erwähnten Gitterpotentialschwankungen liegt, nämlich zwischen + und − 1 V. Die Linie 1 ist das von den Grenzlinien dieses Arbeitsbereiches herausgeschnittene Stück der Kennlinie unserer oben betrachteten Röhre, bei ihr beträgt die Stromschwankung, wie wir sahen, 0,4 mA. Die Linie 2 stammt von einer anderen Röhre, deren Steilheit wesentlich größer ist, bei der gleichen Spannungsschwankung am Gitter beträgt bei ihr die Stromschwankung 0,8 mA. Am steilsten liegt die Linie 3, hier beträgt die Stromschwankung, wenn wir immer wieder die gleiche Wechsel-(Hochfrequenz-)Spannungsschwankung auf das Gitter einwirken lassen, 1,2 mA. Eine solche Steilheit liegt schon dicht an der Grenze des Möglichen, denn da der ganze Emissionsstrom einer gewöhnlichen Verstärkerröhre meist nicht über 2 mA beträgt, dürfte die Länge des gradlinigen Teiles kaum über 1,2 mA hinausgehen. Bei noch größerer Steilheit wäre eine Röhre höchstens für die erste Röhre eines Hochfrequenzverstärkers brauchbar, wo Spannungsschwankungen von 1 V oder mehr, nicht vorkommen. Ihr Verwendungsbereich wäre alsdann zu eingeschränkt.

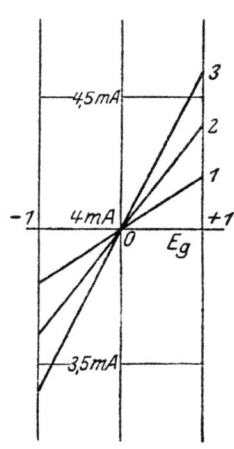

Abb. 15. Kennlinien verschiedener Steilheit.

Wir messen die Steilheit durch die Größe der Stromschwankung je Volt Gitterspannung, d. h. durch einen Quotienten aus

Strom durch Spannung. Bei unserer Röhre z. B. ist die Steilheit $0,4 \cdot 10^{-3}$ Amp. durch 1 V, d. h. sie ist gleich $4 \cdot 10^{-4}$ für Linie 1. Bei Linie 3 wäre die Steilheit $1,2 \cdot 10^{-3}$, also dreimal so groß. Wir kennen nun das Ohmsche Gesetz
$$wi = e,$$
aus dem wir den Quotienten bilden können
$$w = \frac{e}{i},$$
der das Gegenstück zu dem oben gefundenen ist. Die Steilheit entspricht also dem Reziprokwerte eines Widerstandes, d. h. sie ist eine Leitfähigkeit.

Wie kommt nun eine so große Steilheit zustande? Diese Frage zu beantworten müssen wir uns klar machen, woher es überhaupt kommt, daß die Kennlinie schräg liegt. Eigentlich sollte man doch erwarten, daß beim Anlegen einer positiven Spannung an die Anode alle Elektronen zu ihr hinübergezogen werden, so daß die Kennlinie senkrecht vom Strome Null bis auf Sättigungsstrom spränge. Daß das nicht so ist, liegt, wie wir schon auf S. 8 sahen, an der Raumladung, die einen Teil der austretenden Elektronen wieder in den Glühdraht zurücktreibt, dem anderen dagegen das Hinüberwandern zur Anode erschwert. Die Raumladung muß also zunächst einmal beseitigt werden, wenn wir eine größere Steilheit der Kennlinie erzielen wollen. Das können wir z. B. in gewissem Grade erreichen, wenn wir den Draht stärker heizen, dadurch treten die Elektronen mit höherer Geschwindigkeit aus und können das Hemmnis des Raumladungsfeldes leichter überwinden. Im allgemeinen wird man dieses Mittel aber nicht gerne anwenden, weil durch zu starke Heizung die Lebensdauer der Röhre herabgesetzt wird. Ein Mittel, das bei der Fabrikation der Röhre angewendet werden kann, ist, das Gitter möglichst dicht an den Heizfaden zu legen. Das wirksamste Mittel ist es aber, in dem Raume, der von der negativen Raumladung eingenommen wird, eine positive Ladung gleicher Größe anzubringen, die jene kompensiert. Diesem Zwecke dient die Doppelgitterröhre. Bei ihr sind, wie der Querschnitt Abb. 16 zeigt, zwei Gitter ineinander geschoben, von denen das Äußere in der gewöhnlichen Weise als Steuergitter wirkt, während das zweite, innere Gitter durch Verbindung mit der Anodenbatterie eine positive Spannung erhält, wodurch die negative Raumladung kompensiert wird. Diese positive Ladung wird man natürlich schwächer machen, als die der Anode, etwa halb so hoch. Die Schaltung durch die man das erreicht, ist in Abb. 17 dargestellt. Der Vorteil einer solchen Doppelgitterröhre ist weiter der, daß man mit geringerer Anodenspannung auskommt. In den Zeiten, da man auch für kleine Verstärkerröhren 100 und 200 V Anodenspannung brauchte, spielte dieser Punkt eine große Rolle, heute hat er an Wichtigkeit sehr eingebüßt. Bei der Siemensschen Doppelgitterröhre 110 ist übrigens für Raumladegitter und Anode die gleiche positive Spannung, nämlich 24 V vorgeschrieben.

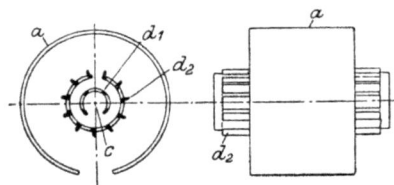
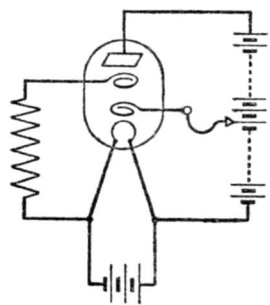

Abb. 16. Doppelgitterröhre.

Abb. 17. Doppelgitterröhre in Raumladungsschaltung.

Welche Wirkung man auf diese Weise erzielen kann, zeigt die Abb. 18, die die Charakteristiken zweier Siemensscher Röhren, nämlich einer gewöhnlichen Verstärkerröhre, Type BF, und eines Doppelgitterrohres Type R zeigt. Während bei dem BF-Rohr eine Gitterspannungsschwankung von 6,4 V erst eine Stromschwankung von 5 mA im Anodenkreise hervorbringt, genügen dazu beim R-Rohre schon 1,1 V, d. h. die lineare Verstärkung ist ziemlich genau sechsmal so groß.

Eine zweite Schaltungsart von Doppelgitterrohren ist die Anodenschutzschaltung. Sie ist in Abb. 19 dargestellt. Hierbei wird das innere Gitter als Steuergitter geschaltet, während das äußere ein positives Potential erhält, das aber nur etwa ein Drittel von dem der Anode beträgt. Es wird dadurch erreicht, daß der gesamte Durchgriff sich zusammensetzt aus dem Durchgriffe der Anode durch das Anodenschutznetz und dem Durchgriff des Schutznetzes durch das innere Gitter. Dann ist

$$D_{ges} = D_{AS} \cdot D_{SG}.$$

Beträgt z. B. D_{AS} und D_{SG} je 0,1, so ist der gesamte Durchgriff 0,1 · 0,1 = 0,01. So klein kann man den Durchgriff sonst gar nicht oder nur schwierig machen. Je kleiner aber der Durchgriff, um so größer ist die Verstärkungsziffer.

Manche Doppelgitterröhren sind in beiden Schaltungen zu brauchen, aber nicht alle. Man muß sich also bei Verwendung einer Doppelgitterröhre erkundigen, für welche Schaltungsart sie bestimmt ist. Gewöhnlich wird die Raumladeschaltung verwendet.

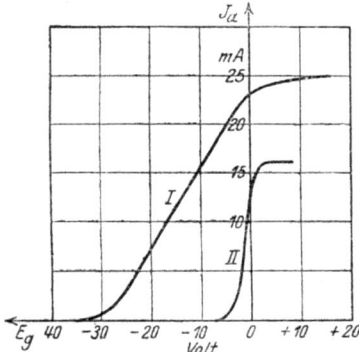

Abb. 18. Kennlinien für Einfach- und Doppelgitterröhre.

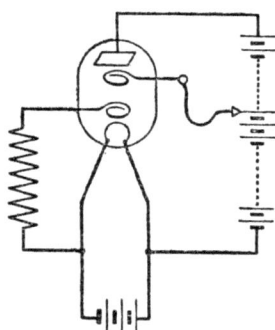

Abb. 19. Doppelgitterröhre in Anodenschutznetzschaltung.

2. Theorie der Verstärkung.

Bisher sind die Erscheinungen in der Röhre ohne Verwendung mathematischer Formeln und Gleichungen behandelt worden. Der Leser dürfte dadurch ein ziemlich anschauliches Bild von den Vorgängen erhalten haben. Um aber ein vollständiges Verständnis zu erzielen, muß im folgenden auch ein wenig mathematische Theorie gebracht werden. Sie soll aber so einfach gehalten werden, daß sie auch von mathematisch weniger Geschulten verstanden werden kann.

Ein wichtiger Punkt für Theorie und Praxis der Röhren ist es, daß das Gitter stets ein negatives Potential hat. Dadurch wird verhindert, daß das Gitter Elektronen abfängt und infolgedessen im Gitterkreise ein Strom fließt. Denn die dadurch verbrauchte Energiemenge müßte notwendig der auftreffenden Schwingung entzogen werden und würde sie dadurch in sehr unerwünschter

Weise dämpfen. Theoretisch ist der Vorgang der Verstärkung in außerordentlich viel einfacherer Weise zu behandeln, wenn das Gitter auf den Anodenstrom eine reine Steuerwirkung ausübt, ohne selbst Strom zu führen. Man gibt deshalb dem Gitter, wie schon auf S. 18 angeführt worden ist, eine kleine negative Vorspannung. Ist aber das Vakuum in der Röhre schlecht, so können in ihr durch das Auftreffen der Elektronen auf Gasatome positive Ionen entstehen, die dann natürlich durch elektrische Anziehung an das negative geladene Gitter gelangen und nun doch einen Gitterstrom entgegengesetzten Vorzeichens zustande bringen. Eine solche Röhre ist untauglich. In ähnlicher Richtung wirkt ein der Röhre vorgeschalteter Transformator mit Eisenkern. Infolge der Verluste, die im Eisen bei der Wechselmagnetisierung entstehen, wird ebenfalls die einfallende Schwingung gedämpft. Bei Hochfrequenzverstärkung sind deshalb solche Transformatoren nur unter besonderen Vorsichtsmaßnahmen zu verwenden, gewöhnlich nimmt man eisenlose Hochfrequenztransformatoren. Bei Niederfrequenzverstärkern leisten dagegen die bekannten Transformatoren mit Eisenkern sehr gute Dienste.

Nennen wir die Kapazität der Anode gegen die Kathode c_a, die des Gitters gegen die Kathode c_g — beide betragen beiläufig etwa zwischen 2 und 20 cm in den üblichen Verstärkerröhren — so ist die auf der Kathode induzierte Ladung, wenn E_a die Anoden-, E_g die Gitterspannung bedeutet

$$Q = -(c_a \cdot E_a + c_g \cdot E_g).$$

Die Größe dieser Teilkapazitäten hängt im allgemeinen nur von den geometrischen Abmessungen ab. Bei geheizter Röhre ändern sich die Werte aber etwas, weil die den Glühfaden dicht umgebende Elektronenwolke wie eine Vergrößerung des Drahtdurchmessers wirkt und daher die Abstände zum Gitter und der Anode verkleinert.

Die auf der rechten Seite obiger Gleichung stehende Größe ist mit dem negativen Vorzeichen versehen, weil die normalerweise positive Ladung der Anode eine negative Ladung auf dem Glühfaden induziert. Wir nehmen dabei an, daß die von der Anode induzierte Ladung die vom Gitter induzierte überwiegt, so daß alle auf der Kathode endigenden Feldlinien von der Anode ausgehen. Aber nicht sämtliche Feldlinien, die die Anode aussendet,

Theorie der Verstärkung. 25

endigen auf der Kathode, sondern ein Teil von ihnen geht auch zum Gitter. Jeder Strang von Feldlinien, der die Anode verläßt, spaltet sich in der Gitterebene, die äußersten Linien rechts und links gehen zum Gitter, die mittleren gehen zur Kathode. Abb. 20 zeigt dies Verhalten. Die Elektronen wandern längs der mittleren Linien zur Anode, das Gitter kann keines von ihnen erreichen.

Überwiegt hingegen die vom Gitter induzierte Ladung, so wird die Gesamtladung positiv, dann endigen sämtliche von der Anode ausgehenden Feldlinien am Gitter und die Kathode wird nur von den vom Gitter ausgehenden Feldlinien erreicht. Dann kann kein Elektron mehr die Anode erreichen, der Anodenstrom ist „abgeriegelt". Diesen Zustand zeigt Abb. 21.

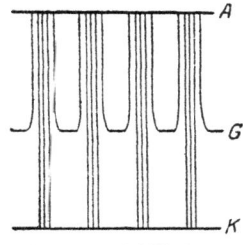
Abb. 20. Feldlinien in der Röhre. Anodenstrom fließt.

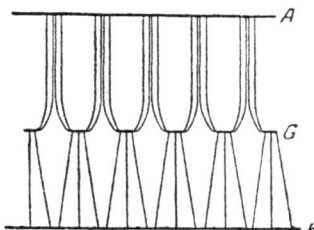
Abb. 21. Feldlinien in der Röhre. Anodenstrom abgeriegelt.

Ändern wir die Anodenspannung um den sehr kleinen Betrag $\varDelta E_a$ und die Gitterspannung ebenfalls um den sehr kleinen Betrag

$$\varDelta E_g = -\frac{c_a}{c_g} \cdot \varDelta E_a,$$

so ist alsdann die auf der Kathode induzierte Ladung

$$Q = -c_a(E_a + \varDelta E_a) + c_g(E_g + \varDelta E_g)$$
$$= -(c_a \cdot E_a + c_g \cdot E_g).$$

Wir sehen daraus, daß eine Änderung der Anodenspannung sich durch eine $-\frac{c_a}{c_g}$-fache Änderung der Gitterspannung ausgleichen läßt. Die Größe $\frac{c_a}{c_g}$ bezeichnen wir als Durchgriff und verwenden dafür den Buchstaben D. Sie drückt aus, der wievielte Teil der von der Anode ausgehenden Feldlinien zwischen den Gitterdrähten „durchgreifend" die Kathode erreicht.

D ist stets ein echter Bruch, gewöhnlich zwischen $1/10$ und $1/100$. Würden wir uns die Anode bis in die Gitterebene vorgeschoben denken, so würde eine Anodenspannung von $D \cdot E_a$ genügen, um dieselbe Wirkung zu erzielen, die jetzt E_a erzielt. Wir können uns infolgedessen auch denken, daß die auf der Kathode induzierte Ladung von einer, in der Gitterebene vorhandenen Gesamtspannung

$$E_{St} = E_g + D \cdot E_a$$

herrührt. Diese gedachte Spannung bezeichnen wir als die Steuerspannung der Röhre.

Der von der glühenden Kathode zur Anode übergehende Elektronenstrom hat für eine Anordnung mit zylindrischer Anode und gerade ausgespanntem Heizfaden den Wert

$$J = 1{,}465 \cdot 10^{-5} \cdot \frac{l}{R} \cdot E_{St}^{\frac{3}{2}},$$

wobei l die Länge des Glühfadens, R der innere Anodendurchmesser ist. Diese Gleichung gilt, solange nicht Sättigung erreicht ist, also in dem Gebiete, das wir früher als Raumladungsgebiet bezeichnet haben.

Mit Einsetzung des oben gefundenen Wertes für E_{st} ergibt sich

$$J = 1{,}465 \cdot 10^{-5} \cdot \frac{l}{R} \cdot E_{St}^{\frac{1}{2}}.$$

Tragen wir die Werte von J für verschiedene Größen von E_{st} in ein Koordinatensystem ein, so erhalten wir die von früher her schon bekannte Charakteristik der Röhre. In ihrem größten Teile verläuft sie nahezu gradlinig, den Winkel, den sie mit der Wagerechten bildet, nennen wir die Steilheit. Diese ist in der Mitte des gradlinigen Teiles am größten. Die Größe der Steilheit finden wir, indem wir eine sehr kleine Änderung des Anodenstromes durch die Änderung der zugehörigen Gitterspannung dividieren. Es ist

$$S = 1{,}5 \cdot 1{,}465 \cdot 10^{-5} \cdot \frac{l}{R} \cdot E_{St}^{\frac{1}{2}}.$$

Die Steilheit, eine für die Verstärkerwirkung einer Röhre außerordentlich wichtige Größe, hängt also nur von der Länge des

Glühfadens, dem Innendurchmesser des Anodenzylinders und der Steuerspannung, von dieser aber in geringerem Grade ab. Die Steilheit ist somit durch die Anordnung der Schaltung kaum noch zu beeinflussen. Man drückt die Größe der Steilheit in Ampere je Volt aus, sagt also z. B. sie betrage 10^{-4} Amp/V, d. h. ein Zehntausendstel Ampere je Volt. Wie schon oben auf S. 11 angeführt wurde, ist die Steilheit einer Röhre gleich ihrer elektrischen Leitfähigkeit.

Durch Auftragen der verschiedenen Werte der Stromstärke bei veränderlicher Gitterspannung erhalten wir die uns bekannte Charakteristik oder wie man sie auch nennt, die E_a-J_a-Kennlinie. Nehmen wir sie bei höherer Anodenspannung auf, so erhalten wir eine neue Kennlinie, die zwar gleiche Form hat, aber im Bilde nach links gerückt ist, in das Gebiet mehr negativer Gitterspannungen hinein. Das bedeutet, daß wir den gleichen Anodenstrom wie im vorhergehenden Falle erhalten, wenn wir eine stärker negative Spannung an das Gitter legen. Abb. 22 zeigt dies am Beispiele einer Senderöhre. Das ist unter anderm ein wichtiges Mittel, um einer Kennlinie für gute Verstärkerwirkung passende Lage zu geben. In Abb. 8 hatten wir einen solchen Fall bereits kennen gelernt.

Bei der Verstärkung von schwachen Wechselströmen wirkt nun auf das Gitter eine Wechselspannung, die zur Folge hat, daß der Anodenstrom im gleichen Rhythmus um einen Mittelwert schwankt. Voraussetzung ist, daß der Arbeitspunkt möglichst auf der Mitte der Kennlinie liegt und die Höchstwerte der Wechselspannungen nicht über den gradlinigen Teil der Kennlinie hinausreichen. Bei unserer früher betrachteten Röhrencharakteristik fließt, wenn wir am Gitter ein negatives Potential von 2 V haben, bei einer Anodenspannung von 50 V ein Strom von 3,4 mA durch die Röhre. Diesem „Ruhestrom" überlagert sich nun infolge der am Gitter auftretenden Wechselspannung ein kleiner Wechselstrom, der den Ruhestrom in raschem Wechsel bald erhöht, bald erniedrigt. Dieser Vorgang ist in Abb. 23 dargestellt. Die Größe der Stromschwankung finden wir aus der Kennlinie, indem wir in diesem Falle bei − 2 V eine Senkrechte ziehen, die die Kennlinie im sog. Arbeitspunkt schneidet. Auf dieser Senkrechten tragen wir die Spannungsschwankungen im gleichen Maßstabe wie die Gitterspannungen auf der wagerechten Achse auf, wie dies in

28   Die Bauteile des Hochfrequenzverstärkers.

Abb. 24 geschehen ist; die sie beiderseits begrenzenden Senkrechten schneiden die Kennlinie in zwei Punkten, die, auf die

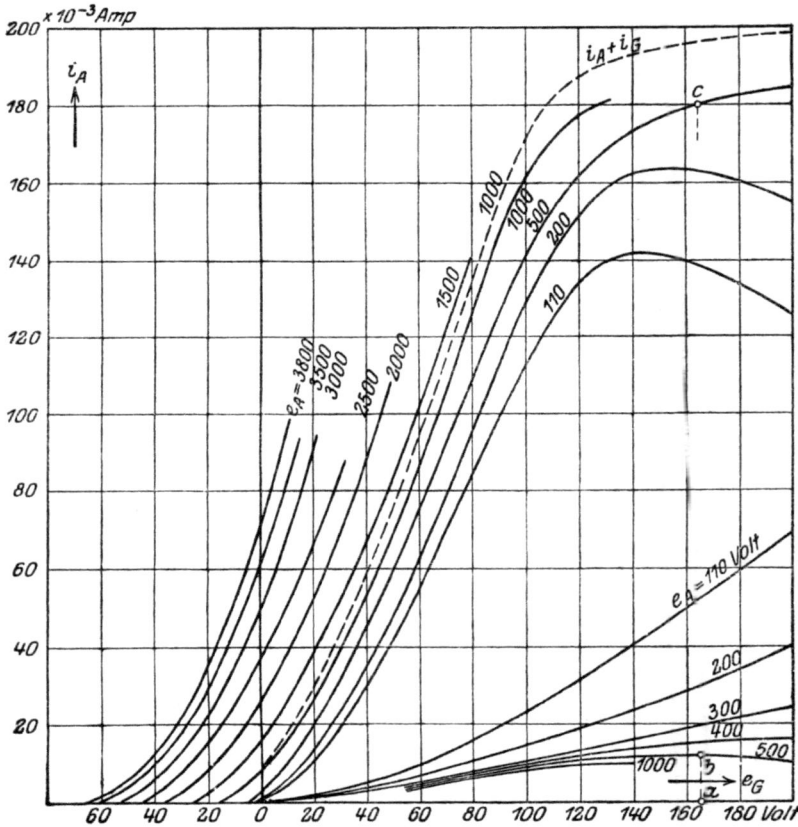

Abb. 22. Kennlinienverschiebung durch Gittervorspannung.

senkrechte Achse hinüberprojiziert, die Größe der Stromschwankung erkennen lassen.

Überschreiten die Spannungsschwankungen die Länge der Charakteristik zwischen dem unteren und dem oberen Knicke, so tritt Verzerrung ein, weil der Strom der Spannung nicht genau

Theorie der Verstärkung. 29

folgt, die Verstärkung nicht mehr bildgetreu ist. Bei Hochfrequenzverstärkern wird das wohl nie der Fall sein, weil die Spannungsschwankungen so klein sind, daß sie nicht entfernt an die immer mehrere Volt betragende Länge der Charakteristik heranreichen. Deshalb kommt es bei ihnen auch nicht darauf an, daß der Arbeitspunkt grade mitten auf der Charakteristik liegt. Bei Rahmen-

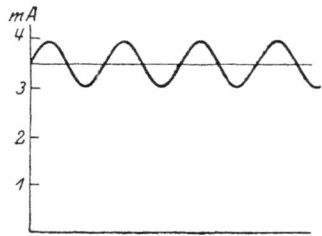

Abb. 23. Gleichstrom mit übergelagertem Wechselstrom.

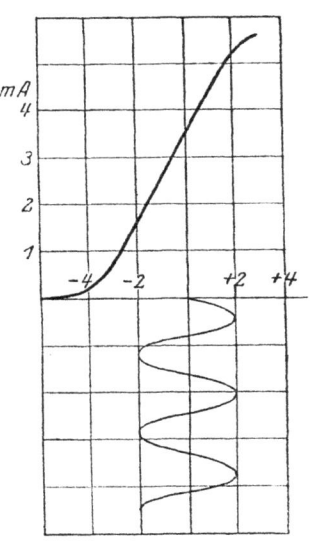

Abb. 24. Lage der zu verstärkenden Spannung zur Kennlinie.

empfang entfernter Stationen erhält beispielsweise die erste Röhre am Gitter Spannungen in der Größenordnung einiger Millionstel Volt. Hat man sie tausendfach verstärkt, wozu mindestens 3 Röhren gehören, so sind es immer erst einige Tausendstel Volt, die dann natürlich innerhalb der Charakterstik überall genügend Platz haben.

Bei dem Niederfrequenzverstärker dagegen muß die Länge der Charakteristik wohl beachtet werden. Hier ist die Gitterspannung gewöhnlich in der Gößenordnung der Länge und man muß gegebenenfalls eine Röhre mit längerer Charakteristik verwenden, um Verzerrung zu verhindern. Man kann allerdings durch stärkere Heizung auch bei einer vorhandenen Röhre die Charakteristik verlängern, aber viel gibt das nicht aus und es ist ein Mittel, das man möglichst vermeiden sollte. Man schädigt zu leicht die Röhre damit.

Liegt in dem äußeren Stromkreise Anode — Kathode ein Nutzwiderstand, z. B. ein Transformator, so ruft der Wechselstrom in ihm einen Spannungsabfall hervor, der nach dem Ohmschen Gesetze gleich $R_a \cdot i_a$ ist. Demnach ist

$$i_a = S(e_g - D \cdot R_a \cdot i_a) = e_g \cdot \frac{S}{1 + DSR_a}.$$

Die an den äußeren Widerstand abgegebene Energie ist

$$W = i_a{}^2 \cdot R_a = e_g{}^2 \cdot \frac{R_a \cdot S^2}{(1 + DSR_a)^2}.$$

Nun ist der innere Widerstand der Röhre der Quotient aus einer Spannungsänderung E_a der Anodenspannung und der durch sie bewirkten Änderung des Anodenstromes J_a. Bleibt e_g unverändert, so ist

$$\Delta J_a = S \cdot D \cdot \Delta E_a,$$

daraus folgt

$$\frac{\Delta E_a}{\Delta J_a} = R_i = \frac{1}{S \cdot D}$$

und endlich die wichtige Röhrengleichung

$$R_i \cdot S \cdot D = 1.$$

Der oben abgeleitete Wert für die Energie, die die Röhre an den äußeren Widerstand liefert, wird aber, wie eine einfache Rechnung zeigt, am größten, wenn

$$R_a \cdot S \cdot D = 1$$

oder

$$R_a = R_i$$

wird. Die Röhre verhält sich in der Beziehung gradeso wie eine Dynamomaschine oder ein Element, die auch beide am meisten Energie liefern, wenn sie auf einen äußeren Widerstand arbeiten, der gleich ihrem inneren Widerstande ist. Die größte abgebbare Energie wird dann

$$N = e_g{}^2 \frac{S}{4 \cdot D}.$$

Wir haben also, da S und D für eine bestimmte Röhrentype gegeben sind, in der Bemessung der Gitterspannung ein wichtiges Mittel, um die von der Röhre abgegebene Energie und damit den Verstärkungsgrad zu erhöhen. Wir sehen aber auch, wie wertvoll es ist, den Durchgriff möglichst klein zu halten. Ein kleiner Durchgriff hat große Werte von N zur Folge und erhöht damit die Verstärkungsziffer.

Aus dieser Betrachtung folgt, wie wichtig es ist, den äußeren Widerstand dem inneren Röhrenwiderstande anzupassen. Bei den kleinen Röhren, die in Amateurempfängern gebraucht werden, beträgt der innere Widerstand etwa zwischen 25000 und 50000 Ω. Schalten wir in den Anodenkreis einen Doppelkopfhörer von 4000 Ω ein, so sehen wir, daß dieser Wert nicht entfernt mit dem inneren Widerstande der Röhre übereinstimmt. Noch größer wird das Mißverhältnis, wenn wir 2 oder 3 solcher Hörer parallel schalten, weil dann der Gesamtwiderstand auf die Hälfte oder ein Drittel seines ursprünglichen Wertes sinkt. Schalten wir die einzelnen Hörer aber hintereinander, so addieren sich die Widerstände und der Gesamtwiderstand nähert sich immer mehr dem inneren Röhrenwiderstande. Somit hören wir immer lauter.

Noch schlimmer wird dieses Mißverhältnis leicht bei Anschluß eines Lautsprechers. Denn deren Widerstände sind oft nur in der Größenordnung von 500 Ω; um sie dem inneren Röhrenwiderstande anzupassen, ist die Einschaltung eines Transformators notwendig. Hat dieser ein Übersetzungsverhältnis 1 : $ü$, so wirkt er auf die Röhre geradeso, als wäre der sekundär an ihn angeschlossene Widerstand mit dem Quadrate dieses Übersetzungsverhältnisses multipliziert. Also gilt dann

$$r_a' = ü^2 \cdot r_a.$$

Bei dem meist üblichen Übersetzungsverhältnis der Niederfrequenztransformatoren 1 : 4 wird also der Belastungswiderstand scheinbar versechzehnfacht. Der Widerstand eines Kopfhörers steigt dann auf 64000 Ω, der eines der oben genannten Lautsprecher auf 8000 Ω. Da auch dieser Wert noch von Gleichheit mit dem inneren Röhrenwiderstande weit entfernt ist, empfiehlt es sich, einen Transformator 1 : 6 zu verwenden. Die Widerstandserhöhung beträgt dann das 36fache, der Wert des übertragenen Widerstandes 18000 Ω.

Auf eine sehr genaue Übereinstimmung kommt es übrigens nicht an. Die folgende Tabelle (nach Barkhausen) zeigt die Änderung der Leistungsabgabe mit zunehmender Verstimmung der Widerstände.

$\dfrac{R_i}{R_a}$	$\dfrac{N_{a\,\max}}{N_a}$	$\dfrac{J_{a\,\max}}{J_a}$
1	1	1
2 : 3	1,04	1,02
1 : 2	1,12	1,06
1 : 3	1,33	1,15
1 : 4	1,56	1,25
1 : 6	2,04	1,43
1 : 10	3,2	1,8
1 : 20	5,5	2,35
1 : 40	10,5	3,2
1 : 100	25,5	5,0
1 : 1000	250,0	15,8

Mit dem Telephon am Ohre läßt sich nun eine Stromänderung von 25%, d. h. eine Leistungsänderung von 56% gerade noch eben heraushören. Dem entspricht eine Verstimmung im Verhältnis 1 : 4. Falls die Verstimmung innerhalb dieser Grenzen bleibt, hat es also keinen Zweck, besondere Maßnahmen zu treffen, um ihr abzuhelfen. Erst bei einer Verstimmung von 1 : 6 bis 1 : 10 lohnt das.

Das Maß der Verstärkung, die eine Röhre ergibt, kann man entweder durch den Vergleich der Energien vor und hinter der Röhre oder durch den Vergleich der Ströme finden. Jene heißt Energieverstärkung, diese lineare Verstärkung. Gewöhnlich rechnet man mit der linearen Verstärkung. Die auf der Primärseite zugeführte Energie ist, wenn ihre elektromotorische Kraft gleich E ist, und der Scheinwiderstand des Empfangskreises gleich Z, gegeben durch

$$W = \frac{E^2}{4Z}.$$

Dabei ist Z die in der Wechselstromtechnik übliche Größe

$$Z = \sqrt{R^2 + \left(\omega \cdot L - \frac{1}{\omega C}\right)^2},$$

wobei R der Widerstand, L die Induktivität und C die Kapazität des Stromkreises ist. Diese Energie dient zur Erzeugung der Gitterspannung, wobei die Höhe der zu erzeugenden Spannung von dem Widerstande der Strecke Gitter—Kathode innerhalb der Röhre abhängt. Bei Röhren mit negativer Gittervorspannung, bei denen das Gitter keinen Strom führen kann, ist dieser Widerstand unendlich. Daraus könnte man schließen, daß man mit ganz kleinen Energiemengen beliebig hohe Gitterspannungen erzeugen kann. Ein solcher Schluß wäre aber trügerisch, denn zwei Umstände lassen es nicht dazu kommen. Bei Hochfrequenzverstärkern ist der kapazitive Widerstand der kleinen Kapazität Gitter—Kathode trotz ihrer Kleinheit durchaus endlich, er beträgt für die kleinen Rundfunkwellen etwa 30000 bis 60000 Ω, je nach Länge der Welle. Bei Niederfrequenzverstärkern oder den Sprachverstärkern der Telephoniesender ist parallel zur Strecke Gitter-Kathode ein Transformator oder Übertrager geschaltet, dessen Windungen ebenfalls Kapazität gegeneinander haben, wodurch die gleiche Wirkung hervorgebracht wird. Auch hier kommt man über Widerstandswerte von 1 Megohm nur schwer hinaus. Die sich damit ergebene Gitterspannung beläuft sich auf den $\dfrac{10^6}{4Z}$ fachen Betrag der primären elektromotorischen Kraft. Die verstärkte Energie wird damit

$$e_g^2 \dfrac{S}{4D} = \dfrac{E^2 \cdot 10^6}{4Z} \cdot \dfrac{S}{4D}.$$

Die Energieverstärkung ist dann

$$\alpha^2 = \dfrac{E^2 \cdot S \cdot 10^6}{16\,ZD} : \dfrac{E^2}{4Z} = \dfrac{S \cdot 10^6}{4D}.$$

Die lineare Verstärkung ist gleich der Wurzel aus diesem Werte.

Die Gesamtverstärkung eines Mehrröhrenverstärkers findet sich durch Multiplikation der Verstärkung der einzelnen Röhren. Hat eine Röhre die Verstärkung 10, so hätte ein Dreiröhrenverstärker die Verstärkung $10 \cdot 10 \cdot 10 = 1000$. Die Wirkung selbst geringer Verstärkung wird also durch die Kombination mehrerer Röhren außerordentlich gesteigert. Ihre Grenze findet sie daran, daß nicht nur alle Nebengeräusche mit verstärkt werden, sondern die Mehrröhrenverstärker besondere Neigung haben, selbst Nebengeräusche wie Pfeifen und Rauschen hervorzubringen.

Tritt ein Gitterstrom auf, wie es der Fall ist, wenn das Gitter nicht negativ „vorgespannt" ist, und somit Elektronen abfängt, so stellt sich der Gitterwiderstand weit niedriger ein. Die aus der primären Energie sich entwickelnde Gitterspannung wird dann wesentlich kleiner, vielleicht nur ein Zehntel des früher gefundenen Wertes. Da nun die verstärkte Energie gleich $e_g^2 \dfrac{S}{4D}$ ist, so folgt daraus, daß man bei einem Rohre ohne negative Gittervorspannung oder gar mit positiver Gittervorspannung den Durchgriff etwa 100 mal so klein machen müßte, um die gleiche Verstärkung zu erzielen. Das gelingt allenfalls durch Anwendung zweier Gitter, ist bei einer gewöhnlichen Röhre aber natürlich ausgeschlossen.

Es wurde schon erwähnt, daß die Röhre am günstigsten arbeitet, wenn der Widerstand im Anodenkreise gleich dem inneren Röhrenwiderstande ist. Weichen beide stark voneinander ab, so kann man sie durch einen Transformator anpassen, das lohnt aber wegen der durch den Transformator verursachten Verluste und auch aus den auf S. 32 erwähnten Gründen nur, wenn beide um mehr als das Sechsfache voneinander abweichen. Ein recht wirkungsvolles Mittel aber, um den äußeren Widerstand zu steigern, ist es, zu einem vorwiegend induktiven Widerstande, wie ihn etwa eine Spule darstellt, einen Kondensator parallel zuschalten, wie es in Abb. 25 dargestellt ist. Zweckmäßigerweise nimmt man den Kondensator als regulierbaren Drehkondensator, denn dann kann man den Kreis auf Resonanz mit der zu verstärkenden Schwingung abstimmen. War ohne Kondensator der Widerstand gleich L, so ist er durch das Parallelschalten gestiegen auf

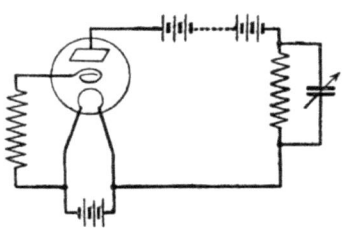

Abb. 25. Sperrkreis im Anodenkreise.

$$R_a = \frac{R_L \cdot R_C}{R_L + R_C} = C \frac{L}{\sqrt{R^2 + \left(L - \dfrac{1}{C}\right)^2}}.$$

Im Resonanzfalle, wenn also nach der Definition der Resonanz

$$\omega L = \frac{1}{\omega C} \quad \text{oder} \quad \omega^2 L C = 1$$

ist, verschwindet das zweite Glied unter der Wurzel und es wird

$$R_a = \frac{L}{CR} = \omega L \frac{\pi}{\vartheta},$$

Theorie der Verstärkung. 35

worin ϑ das Dämpfungsdekrement des Kreises bedeutet. Ist es z. B. 0,5, so wird der Widerstand um das $\frac{\pi}{\vartheta}$fache, also das 2πfache größer, d. h. mehr als sechsmal so groß. Bei kleinerem Dämpfungsdekrement, das leicht zu erreichen und meistens auch vorhanden ist, steigt er noch viel mehr.

Eine derartige Anordnung ist von großer Bedeutung für die Selektivität des Empfängers. Daß auf Resonanz mit der zu verstärkenden Schwingung eingestellt werden soll, ist ja an und für sich schon eine selektiv wirkende Maßnahme. Aber eine Resonanzkurve kann verschieden ausfallen, sie kann scharf und spitz sein, wie es Abb. 26 zeigt, oder breit und verwaschen, wie in Abb. 27.

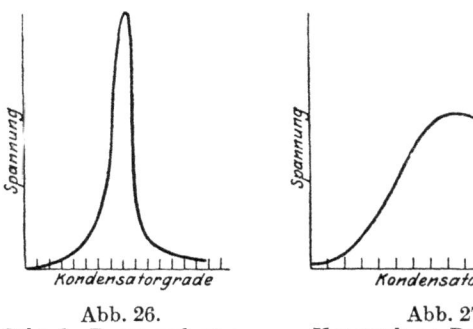

Abb. 26.   Abb. 27.
Scharfe Resonanzkurve.   Verwaschene Resonanzkurve.

Ob die Kurve dieser Schaltung der einen oder anderen Art ist, das hängt nun vom Verhältnisse des äußeren und inneren Röhrenwiderstandes ab. Die schärfste Resonanzkurve erhält man freilich nur, wenn der Wert von R_a, wie er nach der obenstehenden Formel zu berechnen ist, klein ist gegen R_i, und das ist, wie wir wissen, für die Energieabgabe der Röhre ungünstig. Ist dagegen R_a groß gegen R_i, so erhalten wir überhaupt so gut wie gar keine Resonanz. Sind R_a und R_i gleich groß, liegt also der Fall der günstigsten Anpassung vor, so wird der Strom in der Spule um das $\frac{\pi}{2\vartheta}$fache vergrößert, also nur halb soviel wie vorher. Die beiden Forderungen „hohe Selektivität" und „hohe Röhrenleistung" schließen sich also gegenseitig in gewissem Grade aus. Im einzelnen Falle ist es Sache des Funkfreundes, sich für die eine oder andere der beiden Möglichkeiten zu entscheiden. Bei Mehrröhrenverstärkern ist durch die dann stets vorhandene Mehrheit abgestimmter Kreise indessen bereits eine ziemlich hohe Selektivität gegeben, so daß hier die Wahl leicht ist.

Wegen der Wichtigkeit, die diese Schaltung für Hochfrequenzverstärkung hat, sei sie durch ein durchgerechnetes Beispiel näher gebracht. Wir wollen eine Welle von 300 m, deren sekundliche Schwingungszahl also 1 Million $= 10^6$ beträgt, verstärken. Zur Verfügung steht eine Spule von 500000 cm Induktivität. Ihr Wechselwiderstand ist dann nach der Gleichung

$$R_L = 2\pi\nu L = \omega L$$
$$= 2\pi\,10^6 L$$

zu berechnen. L ist hierbei nicht in cm, sondern in Henry einzusetzen, $1\,H = 10^9$ cm. Also ist

$$500000 \text{ cm} = 0{,}5 \cdot 10^{-3} H$$

und

$$R_L = 2\pi \cdot 10^6 \cdot 0{,}5 \cdot 10^{-3}$$
$$= 3140\,\Omega.$$

Beträgt der innere Röhrenwiderstand, wie es bei einer kleinen Verstärkerröhre der Fall sein wird, etwa $25000\,\Omega$, so ist also das Verhältnis

$$\frac{R_i}{R_a} \simeq \frac{8}{1},$$

d. h. es ist schon so ungünstig, daß eine Anpassung durch Parallelschalten eines Kondensators sich empfiehlt. Der Kondensator habe eine Kapazität von 300 cm, oder im elektromagnetischen Maßsystem, das wir hier anwenden müssen ($1\,F = 9 \cdot 10^{11}$ cm),

$$C = 300 \cdot 0{,}11 \cdot 10^{-11} F$$
$$= 3{,}3 \cdot 10^{-10} F$$

und der Gesamtwiderstand wird, wenn wir den Widerstand der Spule zu $5\,\Omega$ annehmen,

$$R_a = \frac{0{,}5 \cdot 10^{-3}}{5 \cdot 3{,}3 \cdot 10^{-11}} = \frac{0{,}5}{5 \cdot 3{,}3} \cdot 10^7\,\Omega,$$
$$= 3{,}3 \cdot 10^6\,\Omega.$$

Damit ist man natürlich schon wieder viel zu hoch gekommen, der Widerstand ist praktisch fast unendlich. Bei nur ganz unmerklich wenig Abweichung von diesem genauen Werte, sinkt er indessen sehr stark und man kann dann dem günstigsten Werte leicht sehr nahe kommen.

Auch bei Transformatoren im Anodenkreise, wie sie bei Niederfrequenzverstärkern die Regel bilden, kann man die Parallelschaltung eines Kondensators anwenden, entweder um den Widerstand zu vergrößern oder um schärfere Abstimmung zu erzielen. Hier hat diese Maßnahme aber sehr viel weniger Zweck, als bei dem Hochfrequenzverstärker. Denn während dieser befähigt sein muß, Schwingungen mit den verschiedensten Wellenlängen zu verstärken, also eines weiten Abstimmbereiches bedarf, soll der Niederfrequenzverstärker im wesentlichen Töne verstärken, die sich von der Tonfrequenz 1000 nicht allzuweit entfernen. Die eigenen Konstanten der verwendeten Transformatoren, ihre Induktivität und ihre recht beträchtliche Windungskapazität ist aber diesen Verhältnissen schon ziemlich angepaßt, so daß eine weitere Abstimmung sich erübrigt. Die Resonanzkurve solcher Transformatoren verläuft so flach, daß die Verstärkungsziffer zwischen der Frequenz 1000 und der Frequenz 10000 fast genau gleich bleibt, wenn es sich um ein gutes Fabrikat handelt. Die Abstimmung hätte auch große Schwierigkeiten. Diese Transformatoren mit ihrer hohen Windungszahl von äußerst dünnem Drahte haben einen sehr hohen Ohmischen Widerstand. Ein solcher im Resonanzkreise macht aber jede Resonanzkurve breit und verwaschen, so daß es gar keinen Zweck hätte, eine Resonanzabstimmung zu versuchen. Man tut sogar gerne das Gegenteil; indem man dem ersten Niederfrequenztransformator einen Kondensator von 1000 bis 2000 cm parallel schaltet, verstimmt man ihn. Man bringt ihn also künstlich aus dem Resonanzbereiche heraus. Das geschieht, um der Pfeifneigung des Verstärkers zu begegnen.

Wer die bisherigen Ausführungen aufmerksam gelesen hat, wird nun ohne weiteres imstande sein, die Wirkungsweise des Hochfrequenzverstärkers zu verstehen, der unter den Röhrenverstärkern die größte Mannigfaltigkeit von Schaltungen zuläßt. Die Hauptsache, auf die alles ankommt, ist immer die Röhre, die übrigen Schaltungselemente dienen nur dazu, deren Wirkung zur Geltung zu bringen oder zu erhöhen.

Die Bauteile des Hochfrequenzverstärkers.

3. Der Abstimmkreis.

a) Abstimmkreis und Antenne. Jeder Hochfrequenzverstärker besteht aus dem eigentlichen Empfangskreise und den Verstärkerkreisen. Der Empfangs- oder Antennenkreis besteht aus der bekannten Anordnung von Induktivität und Kapazität (Spule und Kondensator), die sich in jedem Empfangsgerät findet. Abbildung 28 zeigt diese Anordnung in ihrer Anwendung auf einen Detektorempfänger. Ihr Wesen beruht auf der Resonanz des Schwingungskreises mit den einfallenden Wellen. Resonanz nennen wir die Übereinstimmung der Eigenschwingung des Kreises mit der durch die Wellen erzwungenen Schwingungszahl. Durch diese Übereinstimmung steigt der im Schwingungskreise fließende Strom ganz außerordentlich stark an, und zwar nur in allernächster Nähe der richtigen Einstellung. Der Widerstand, den die Spule dem Durchflusse des hochfrequenten Wechselstromes entgegensetzt, ist gegeben durch die Formel

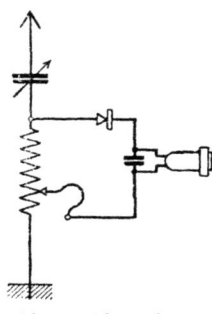

Abb. 28. Abgestimmte Antenne mit Serienschaltung.

$$R_L = 2\pi\nu L,$$

wobei ν die Zahl der Schwingungen in 1 Sekunde, L die Induktivität in Henry ist. Die Größe $2\pi\nu$ bezeichnen wir auch durch den griechischen Buchstaben ω und nennen sie die Kreisfrequenz. ν finden wir durch Division der Fortpflanzungsgeschwindigkeit der Elektrizität (300000 km/sec) durch die Wellenlänge. Bei einer Wellenlänge von 500 m = 0,5 km ist sie 600000. Bei einer Wellenlänge von 0,3 km ist sie dann 1000000 und bei der von Amateuren in England und Amerika viel verwendeten Wellenlänge von 150 m ist sie gar 2000000. Da $\pi = 3,14$, ist für $\lambda = 300$ m die Kreisfrequenz $\omega = 6280000$. Damit wird der Wechselwiderstand der Spule zu

$$R_L = 6,28 \cdot 10^6 \cdot L.$$

Wir erhalten ihn unmittelbar in Ohm, wenn wir die Induktivität in Henry einsetzen.

Der Wechselwiderstand der Kapazität ist gegeben durch

$$R_C = \frac{1}{\omega C},$$

Der Abstimmkreis. 39

wobei C auch wiederum im elektromagnetischen Maße, nämlich Farad (1 F = 9 . 10^{11} cm) einzusetzen ist. Der gewöhnliche 500 cm-Kondensator hat also im elektromagnetischen Maßsysteme die Kapazität 0,55 · 10^{-9} cm. In englischen Veröffentlichungen findet man die Kapazität stets in μF angegeben, wobei 1 μF = 9 000 000 = 9.10^5 cm. Findet man dort also einen Wert von 0.0003 angegeben, so bedeutet das $\dfrac{3}{10\,000}$ · 900 000 = 270 cm.

Der Kondensatorwiderstand ist mit dem negativen Vorzeichen versehen, weil der Strom im Kondensator die entgegengesetzte Richtung hat wie in der Spule.

Der Gesamtwiderstand des Antennenkreises ist nun gegeben durch die Summe der beiden Einzelwiderstände

$$R_{ges} = \omega L - \dfrac{1}{\omega C} = \dfrac{\omega^2 LC - 1}{\omega \cdot C}.$$

Die Resonanzbedingung lautet

$$\omega L = \dfrac{1}{\omega C} \quad \text{oder umgeformt} \quad \omega^2 LC = 1.$$

Wenn wir das in die obenstehende Gleichung einsetzen, wird sie zu

$$R_{ges} = \dfrac{1-1}{C},$$

d. h. der Widerstand des Abstimmkreises wird Null, oder vielmehr es bleibt nur der Ohmsche Widerstand der Spule übrig, der immer sehr klein, meist nur wenige Ohm groß ist. In unmittelbarer Nähe des Resonanzpunktes, wenn also der Unterschied beider Widerstände in der Nähe der Null ist, wird die Abnahme am größten und demgemäß der Anstieg des Stromes am stärksten.

Ganz anders ist das Verhalten eines Schwingungskreises, wie ihn Abb. 29 zeigt, wobei Spule und Kondensator parallel geschaltet sind. Wir finden es wieder, indem wir den Gesamtwiderstand des Kreises aus den Einzelwiderständen berechnen, die ebensogroß sind wie vorher, jetzt aber nicht unmittelbar, sondern mit ihren Reziprokwerten, also

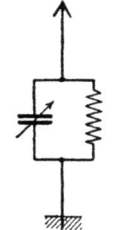

Abb. 29. Abgestimmte Antenne mit Parallelschaltung.

den entsprechenden Leitfähigkeiten, addiert werden müssen, wobei sich natürlich nicht der Widerstand, sondern die Leitfähigkeit des Kreises ergibt. Schaltet man zwei Widerstände R_1 und R_2 parallel, so ist der Gesamtwiderstand

$$R = \frac{R_1 R_2}{R_1 + R_2}.$$

Genau so haben wir es hier zu machen, indem wir setzen

$$R = \frac{R_C \cdot R_L}{R_C + R_L}.$$

Durch Einsetzen der Werte

$$R_C = -\frac{1}{\omega C}$$
$$R_L = \omega L$$

erhalten wir

$$R = \frac{-\dfrac{1}{\omega C}\,\omega L}{-\dfrac{1}{\omega C} + \omega L} = \frac{-\dfrac{L}{C}}{\dfrac{\omega^2 L C - 1}{\omega C}}$$

$$= \frac{-\omega L}{\omega^2 L C - 1}.$$

Da im Resonanzfalle die Größe $\omega^2 LC$ zu 1 wird, nähert sich der Nenner in der Umgebung der Resonanz sehr schnell dem Werte $1-1$, d. h. Null. Eine Größe, die man durch Null dividiert, wird aber unendlich groß, d. h. der Widerstand des Schwingungskreises wird unendlich groß. Freilich nur für von außen auf ihn auftreffende Schwingungen. Der in sich geschlossene Schwingungskreis hat den Wechselwiderstand Null, da er (vgl. Abb. 30) ja auch Spule und Kondensator in Hintereinanderschaltung enthält. Die auf ihn auftreffenden Schwingungen können ihn nicht durchfließen, aber sie regen ihn zu Eigenschwingungen an, deren Größe ebenfalls dadurch bedingt ist, daß der Wechselwiderstand der Spule den des Kondensators genau aufhebt, so daß der sich ausbildende Strom nur den geringen Ohmschen Widerstand der Spule zu überwinden hat.

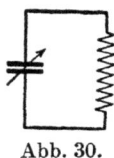

Abb. 30. Abstimmkreis.

Der Abstimmkreis.

Man kann für jede beliebige Welle jede Spule mit einem passend gewählten Kondensator zur Resonanz bringen. Freilich erleidet dieser Satz in der Praxis einige Einschränkungen, man wird die Werte beider zweckmäßigerweise nicht zu sehr auseinander liegend wählen. Unsere Drehkondensatoren haben auch in Nullstellung keineswegs die Kapazität Null, sondern eine recht merkliche Anfangskapazität, die z. B. bei einem 500 cm-Drehkondensator 30 bis 50 cm beträgt. Die üblichen Rundfunkwellen erhält man am besten mit Honigwabenspulen von 35 bis 100 Windungen, die man mit einem Drehkondensator von 500 oder 250 cm zusammenschaltet.

Diese Betrachtungen gelten für geschlossene Schwingungskreise, wie sie etwa als Zwischenkreis eines Sekundärempfängers oder als Sperrkreis im Anodenkreis eines Hochfrequenzverstärkers vorkommen. Der abstimmbare Primärkreis enthält dagegen immer die Antennenkapazität, die nicht vernachlässigt werden darf. Sie hat eine ganz verschiedene Wirkung, je nachdem man den Antennenkreis in „Schaltung kurz" oder in „Schaltung lang" aufbaut.

Wir betrachten zuerst die am häufigsten vorkommende Schaltung kurz. Hierbei liegt parallel mit der Reihenschaltung von Spule und Drehkondensator die Antennenkapazität C_A (Abb. 31). Die beiden Kapazitäten sind also unter sich wieder in Reihe geschaltet, die Antennenselbstinduktion soll, weil meist nicht sehr bedeutend, vernachlässigt werden. C_a hat für eine normale Rundfunkantenne einen Wert, der um 300 cm herum liegt, zum Abstimmen sei eine Honigwabenspule von 75 Windungen mit einer Induktivität von ungefähr 500 000 cm benutzt. Die zum Abstimmen auf eine Welle von 400 m notwendige Gesamtkapazität beträgt dann nach der bekannten Schwingungsgleichung

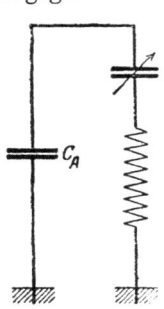

Abb. 31. Wirkung der Antennenkapazität bei „Schaltung kurz".

$$\lambda = \frac{2\pi}{100} \sqrt{L_{cm} \cdot C_{cm}},$$

$$c_g = 84 \text{ cm}.$$

Daraus finden wir die notwendige Kondensatorkapazität,

wenn wir bedenken, daß die Reihenschaltung zweier Kapazitäten eine resultierende Kapazität hat von

$$C_{ges} = \frac{C_A \cdot C_1}{C_A + C_1}.$$

Mit den uns bekannten Werten von C_A und C_1 folgt daraus

$$C_1 = 127 \text{ cm}.$$

Angenommen, wir verwenden einen gewöhnlichen 500 cm-Drehkondensator mit einer Anfangskapazität von 50 cm, dann bedeutet jeder Grad Verstellung im Mittel eine Kapazitätsänderung um $2^1/_2$ cm. Zur Abstimmung muß er dann ungefähr auf 40° stehen. Bei einer Verstellung um 10° wächst somit die Kapazität um 25 cm auf 152 cm. Damit erhöht sich die Gesamtkapazität des Abstimmkreises auf

$$C_{ges} = \frac{300 \cdot 152}{300 + 152} = 101 \text{ cm}.$$

Die Wellenlänge, für die der Antennenkreis abgestimmt ist, beträgt dann

$$\lambda = 434 \text{ m}$$

oder es entfallen auf jeden Kondensatorgrad 3,4 m Wellenlängenänderung. Mit einer Drehung um 180° kann man demnach einen Bereich von 612 m bestreichen. Eine Trennung von Stationen, die um 10 m auseinanderliegen, erfordert eine Drehung um 3 Kondensatorgrade, ist also noch recht gut möglich, wenngleich sie sorgfältige Einstellung erfordert.

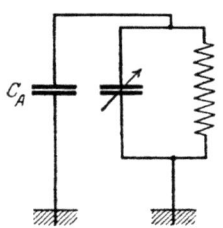

Abb. 32. Wirkung der Antennenkapazität bei „Schaltung lang".

Bei der Schaltung lang, also Spule und Kondensator parallel, liegen die Dinge ganz anders. Hier addiert sich (vgl. Abb. 32) einfach die Antennenkapazität zur Drehkondensatorkapazität, so daß

$$C_{ges} = C_A + C_1.$$

Infolgedessen ist die Gesamtkapazität viel größer als vorher, so daß diese Schaltung von vornherein als zur Abstimmung auf kurze Wellen weniger geeignet erscheint. Wir müssen deshalb eine viel kleinere Spule nehmen als vorher, und zwar wählen wir eine Honigwabenspule von 25 Windungen mit einer Induktivität von

Der Abstimmkreis. 43

53000 cm. Dann finden wir die zur Abstimmung auf 400 m erforderliche Gesamtkapazität zu

$$C_{ges} = 755 \text{ cm},$$

wovon die Antennenkapazität von 300 cm abzuziehen ist, so daß eine Kondensatorkapazität von 455 cm übrig bleibt. Für eine Rundfunkwelle mittlerer Länge müßte der 500 cm-Kondensator also bereits nahezu voll eingelegt sein. Das ist natürlich unpraktisch, da es dazu zwingt, den teureren 1000 cm-Kondensator zu verwenden. Man kann auch nicht, um das zu vermeiden, eine größere Spule wählen, denn die nächste Größe, 35 Windungen, hat bereits 134000 cm Induktivität, die zum Abstimmen auf 400 m eine Kapazität von 300 cm erfordern, also mit der Antennenkapazität allein schon Abstimmung ergäben, kürzere Wellen als 400 m aber gar nicht zu empfangen gestatten. Angenommen, wir verwenden den 500 cm-Kondensator, so bedeutet auch hier eine Verstellung um 10^0 eine Erhöhung der Kapazität um 25 cm, so daß die Gesamtkapazität auf 780 cm steigt. Die Wellenlänge steigt mit dieser Kapazität auf 404 m, also sehr wenig. Auf einen Kondensatorgrad entfallen dann nur 0,4 m Wellenlängenänderung, was zwar eine sehr feine Abstufung ergibt, aber einen ganz ungenügenden Wellenlängenbereich, nämlich von 0 bis 180^0 nur 72 m. Es läßt sich also mit dieser Anordnung nur schlecht abstimmen, selbst wenn man auswechselbare oder Stöpselspulen verwendet. In dem Bereich, in dem sie anwendbar ist, erhält man allerdings eine sehr feine Abstimmung. Um zwei um 10 m auseinanderliegende Stationen zu trennen, muß man den Kondensator um 25^0 drehen, das kann sehr wertvoll sein. Es sei nur an die vielbeklagte Überlagerung von Berlin ($\lambda = 505$) und Zürich ($\lambda = 515$) erinnert.

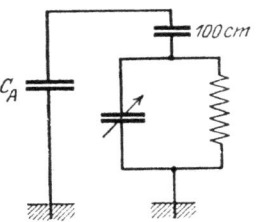

Abb. 33. Wirkung der Antennenkapazität bei gemischter Schaltung.

Noch eine dritte Anordnung ist möglich, die man in käuflichen Geräten zwar nicht findet, die der selbst bauende Liebhaber aber bequem anwenden kann. Sie ist in Abb. 33 dargestellt und enthält die Parallelschaltung von Spule und Kondensator (Schwungradschaltung), aber in der Antenne noch einen Verkürzungskondensator von 100 cm. Hierbei ist die resultierende Antennenkapazität gegeben durch

$$C_{AR} = \frac{300 \cdot 100}{300 + 100} = 75 \text{ cm},$$

sie wird also sehr klein. Diese kleine Kapazität liegt nun parallel zur Abstimmkapazität C_1 und addiert sich einfach zu ihr. Da die Gesamtkapazität nun sehr viel kleiner ist als im vorigen Falle, können wir zum Abstimmen eine etwas größere Spule nehmen als vorher und wählen eine solche von 35 Windungen mit 134000 cm Induktivität. Wir brauchen dann eine Gesamtkapazität von 298 cm, so daß nach Abzug der Antennenkapazität von 75 cm für den Drehkondensator 223 cm übrig bleiben. Wir sind dann bei einer mittleren Wellenlänge bei dem Drehkondensator mitten auf der Skala, die Verhältnisse liegen also viel günstiger als bei den beiden anderen Schaltungen.

Verstellen wir nun abermals den Kondensator um 10°, vergrößern also die Kapazität auf 248 cm, so beträgt die Gesamtkapazität

$$C_{\text{ges}} = 323 \text{ cm}$$

und die neu eingestellte Welle

$$\lambda = 413 \text{ m}.$$

Auf einen Kondensatorgrad entfallen also 1,3 m Wellenlängenänderung, eine Drehung um 180° ergibt ein Wellenlängenband von 234 m, das vollkommen ausreicht, alle Sender zwischen Dresden (292 m) und Wien (530 m) zu empfangen, wobei die Einstellung noch recht fein ist. Um Berlin und Zürich zu trennen, muß der Kondensator um 8° gedreht werden, ein genügend großer Abstand für zwei so nahe beieinander gelegene Sender.

Die Schaltung hat den weiteren Vorteil, daß sie von der Größe der jeweilig vorhandenen Antenne sehr unabhängig macht. Hat man z. B. eine Antenne mit 1000 cm Kapazität, so ist die resultierende Antennenkapazität doch nur

$$C_{AR} = \frac{1000 \cdot 100}{1000 + 100} = 91 \text{ cm},$$

hat sich also bei verdreifachter Antennenkapazität nur um 20 % vergrößert, so daß die Einstellung sich nicht wesentlich ändert. Auch kann man sie ohne weiteres zum Empfange langer Wellen

Der Abstimmkreis. 45

verwenden, indem man den 100 cm-Kondensator überbrückt. Für den selber bauenden Funkfreund ist daher diese Schaltung die günstigste.

Beim Empfange langer Wellen ist die Schwundradschaltung oder Schaltung lang das einzig Gegebene. Man gebraucht hier hohe Gesamtkapazität, und dazu ist ein Kondensator erforderlich, der die Antennenkapazität beträchtlich übersteigt, so daß der schädliche Einfluß der Antennenkapazität dadurch beseitigt wird. Bei einer Welle von 4000 m beispielsweise, der Grenze des den Funkfreunden Erlaubten, für die man zweckmäßigerweise eine Spule von etwa 150 m Windungen mit 2,6 Millionen cm Induktivität verwendet, braucht man einen Kondensator von 2000 cm. Mit einer Antennenkapazität von 300 cm muß bei Abstimmung die Drehkondensatorkapazität 1300 cm betragen, da 1600 cm Gesamtkapazität erforderlich sind. Beträgt die Anfangskapazität des 2000 cm-Kondensators 200 cm, so bedeutet jeder Kondensatorgrad im Mittel eine Kapazitätsänderung um 10 cm, eine Verstellung um 10^0, somit eine Veränderung der Kapazität um 100 cm auf 1400 cm. Die Gesamtkapazität beträgt dann 1700 cm und die neu eingestellte Wellenlänge

$\lambda = 4180$ m.

Auf jeden Grad Änderung des Drehkondensators entfallen also 18 m Wellenlängenänderung, d. h. Drehung um 180^0 bedeutet eine Veränderung der Wellenlänge um 3240 m. Beim Empfange langer Wellen wird, wie wir sehen, mit dieser Schaltung ein Wellenlängenband von großer Breite bestrichen. Aus diesen Grenzen und Zweckmäßigkeiten der Anwendung erklärt sich die Bezeichnung Schaltung lang und Schaltung kurz.

Abstimmschärfe und Selektivität. Für die Güte der Abstimmung und die Selektivität der Anordnung ist bestimmend die Resonanzkurve. Trägt man z. B. in einem Achsensysteme auf der wagerechten Achse die Stellung des Drehkondensators, auf der senkrechten Achse die Stromstärke im Abstimmkreise auf, so erhält man die Resonanzkurve, wie deren eine in Abb. 34 gezeichnet ist. Dabei ist es nicht ganz gleichgültig, ob man die Abstimmung durch eine kleine Spule mit einem großen Kondensator oder durch eine große Spule mit einem kleinen Kondensator vornimmt. Von den 3 Kurven der Abb. 34 ist Kurve a mit einem Kondensator von 100 cm und einer Spule von 231000 cm, b mit einem Kondensator von 1000 cm und einer Spule von 23100 cm, endlich c mit einem Kondensator von 10000 cm und einer Spule von 2310 cm aufgenommen. Man sieht deutlich, daß die Resonanzkurve 34 c am breitesten ist, bei dieser Anordnung ist demnach die Selektivität am geringsten. Durch passende Wahl der Abstimmmittel hat man es somit in der Hand, die Selektivität des Empfängers zu verbessern.

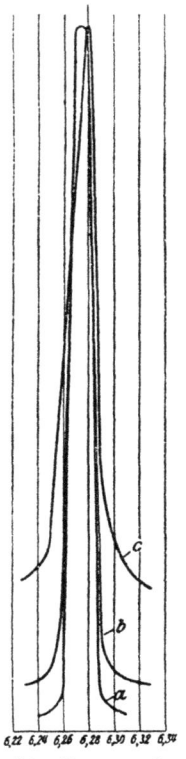

Abb. 34. Resonanzkurven bei wechselndem Verhältnis L-C.

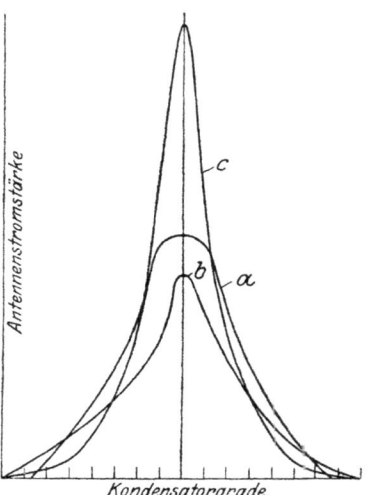

Abb. 35. Resonanzkurven gekoppelter Kreise.

Die Selektivität wird weiter verbessert durch Kopplung mehrerer abgestimmter Kreise. Um die Resonanzkurve einer solchen abgestimmten Anordnung zu finden, sind die den einzelnen Werten der Frequenz in den gekoppelten Kreisen entsprechenden Amplituden miteinander zu multiplizieren. Dies zeigt Abb. 35 an dem Beispiele zweier ziemlich flacher Resonanzkurven. Hat der Antennenkreis eine Resonanzkurve nach 35a, der Zwischenkreis eine solche nach 35b, so ist die Resonanzkurve der Gesamtanordnung durch 35c gegeben. Man sieht, daß sie viel spitzer und schmaler ausgefallen ist, als die Einzelkurven.

Den Grad der Abstimmschärfe mißt man durch die Verstimmung, die notwendig ist, um die Welle zweier bestimmter Senderstationen nicht mehr empfangen zu können. Als Maß für die Abstimmschärfe gilt die Größe

$$\varepsilon = \frac{\lambda_1 - \lambda_2}{\lambda_2} \quad \text{oder} \quad \frac{\lambda_2 - \lambda_1}{\lambda_2} \cdot 100\,^0/_0 \,.$$

Hierin bedeutet $\lambda_2 - \lambda_1$ die Verstimmung, die notwendig ist, um die Senderwelle λ nicht mehr aufzunehmen. ε hängt nun nicht nur von der Selektivität des Empfangsgerätes ab, sondern auch von der Größe der aufgenommenen Leistung, d. h. von der Entfernung zum Sender. Ferner ist ε größer für Primär- als für Sekundärempfang, was nach dem oben Angeführten ohne weiteres verständlich ist. Ist bei Primärempfang z. B. eine Verstimmung von $5\,^0/_0$ notwendig, so sinkt dieser Wert bei Sekundärempfang auf weniger als die Hälfte. Ist auch bei Sekundärempfang die Abstimmschärfe gering, so läßt das auf schädliche Widerstände in den Schwingungskreisen des Empfangsgerätes schließen.

Führt man an Stelle der Abstimmschärfe den Begriff der Selektivität ein, so ist darunter der Quotient zu verstehen

$$S = \frac{1}{\varepsilon' + \varepsilon''}.$$

Hierin bedeuten ε' und ε'' die Verstimmungen, die erforderlich sind, damit die dem Empfangsgerät zugeführte Energie auf die Hälfte ihres Höchstwertes sinkt. Die Messung dieser Größe wird für den Funkfreund im allgemeinen kaum möglich sein, wenn er nicht über sehr reichliche experimentelle Hilfsmittel verfügt.

b) Die Rahmenantenne. Die Rahmenantenne stellt im Gegensatz zur Hochantenne, dem offenen Schwingungskreise, einen geschlossenen Schwingungskreis dar, dessen Strahlvermögen äußerst gering ist. Sie besteht freilich auch wie jene aus Kapazität und Induktivität, nur sind bei ihr beide von ganz anderer Größenordnung als bei jener. Die Rahmenantenne ist eine Spule, die infolge der großen Fläche, die die Windungen umschließen, eine recht erhebliche Selbstinduktion hat, trotz der geringen Windungszahl. Dagegen ist ihre Kapazität minimal, beiläufig in der Gegend von 35 cm, für die üblichen Größen der Amateurantennen. Sie braucht infolgedessen zur Abstimmung fast nie etwas anderes als einen Drehkondensator, eine Verlängerungsspule kommt selten in Frage, höchstens wird noch eine kleine Spule in Reihe mit den Rahmenwindungen geschaltet, um damit koppeln zu können. Die Induktivität darf einen gewissen Wert nicht überschreiten, wenn für die Abstimmung noch hinreichend Kapazität zur Verfügung stehen soll. Andrerseits braucht man eine große Windungszahl, um hohen Empfangsstrom, d. h. hohe Lautstärke zu erzielen. Man erreicht beides, indem man die Spule so wickelt, daß ihr Selbstinduktionskoeffizient bei gegebener Windungszahl möglichst klein ausfällt. Der Bau einer Rahmenantenne bereitet dem Amateur nicht die geringsten Schwierigkeiten, ohne daß es einer besonderen Anleitung bedarf. Am besten wird bei den zumeist üblichen Abmessungen von Rahmenantennen das oben angedeutete Ziel dadurch erreicht, daß man die Windungen mit einem gegenseitigen Abstande von 5 mm aufwickelt. Dadurch wird die Eigenkapazität der Spule klein, wodurch sich eine größere Selektivität ergibt. Weiter wird die Eigenkapazität dadurch verkleinert, daß man die Windungen über ein Holzkreuz wickelt, so daß sie ganz frei in der Luft liegen. Abb. 36 zeigt das am Beispiel einer käuflichen Rahmenantenne, der zusammenklappbaren Rahmenantenne der Deutschen Telephonwerke in Berlin, die recht zweckentsprechend ist. Sie kann nach Lösen einiger Flügelmuttern zusammengeschoben werden, in diesem Zustande, den Abb. 37 darstellt, nimmt sie sehr wenig Platz ein. Die hier gewählten Abmessungen, 1 m Kantenlänge und 10 Windungen, sind für die meisten Amateuraufgaben die brauchbarsten.

Der Amateur, der sich selbst eine Rahmenantenne bauen will, wird den Wunsch haben, falls er z. B. lange Wellen entfernter Stationen aufnehmen will, sich seinen Rahmen selbst zu berechnen. Das ist nicht sonderlich schwer, nach den recht einfachen Formeln, die Esau im 18. Bande des Jahrbuchs für drahtlose Telegraphie und Telephonie entwickelt hat. Für diejenigen, denen diese Rechnung noch zu unbequem ist, seien in der folgenden Tabelle die Werte aufgeführt, die er braucht, nämlich für einen Rahmen von 1 m Seitenlänge und 4 bis 20 Windungen die Induktivität und die durch Abstimmen mit einem Drehkondensator von 500 cm bei 50 cm Anfangskapazität erreichbaren Wellenlängen.

Der Abstimmkreis.

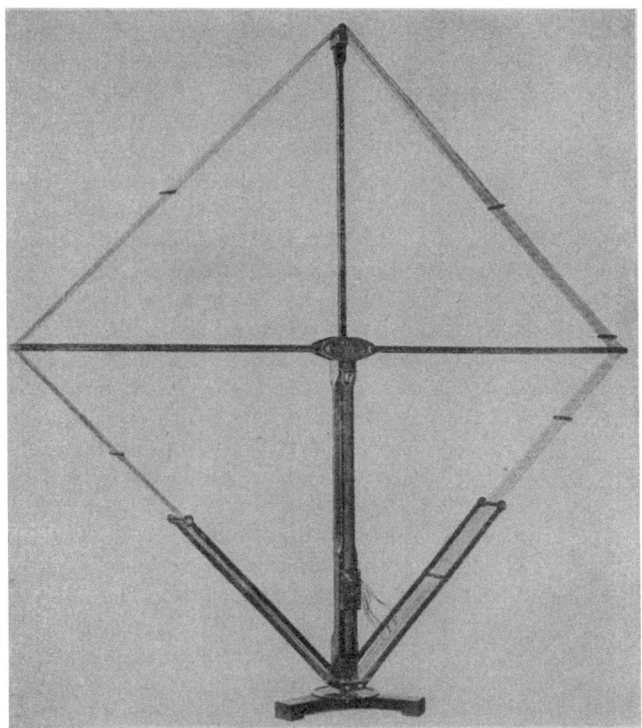

Abb. 36. Rahmenantenne im Betriebszustand.

Der Amateur, der sich selbst eine Rahmenantenne baut, muß nur darauf achten, daß ein Teil der Windungen abschaltbar ist, da

Tabelle über Rahmenantennen.

Seitenlänge	Windungs-zahl	Induktivität in cm	Wellenlänge	
			kleinste	größte
100 cm	4	66 100	114	360
	6	134 100	163,9	518
	8	221 300	208,9	660
	10	325 900	253,2	800
	12	445 000	296,2	936
	14	581 500	338,8	1070
	16	730 000	379	1199
	18	829 100	419	1325
	20	1 065 500	458	1447

man, wie aus obenstehender Tabelle hervorgeht, nicht immer mit allen Windungen arbeiten kann. Natürlich nimmt man die Windungszahl so groß, als für die betreffende Wellenlänge möglich ist, damit die Lautstärke, die proportional der Windungszahl ist, möglichst groß wird. Es muß aber noch Raum für eine kleine Koppelspule verbleiben. Als solche genügt eine Honigwabenspule von 25 Windungen, die eine Induktivität von ungefähr 50000 cm hat. Für die gewöhnlichen Rundfunkwellen werden meistens 6 bis 8 Windungen ausreichend sein, damit verbleibt noch genügend Raum für die Koppelspule. Man kann als solche übrigens auch die nicht gebrauchten Windungen des Rahmens benutzen, hat aber dann den Nachteil, daß man die Kopplung nicht ändern kann, selbst wenn sie sehr ungünstig ist. Besser ist immer eine außenliegende Spule.

Die Rahmenantenne hat mehrere sehr beträchtliche Vorteile, die von den deutschen Funkfreunden noch nicht genügend erkannt sind. Daß sie von anderen, in der Nähe befindlichen Antennen in hohem Grade unabhängig ist, ist ein äußerer, in der Großstadt aber recht schwerwiegender Faktor. Eine Erlaubnis vom Hauswirt oder der Polizei ist bei ihrem Gebrauch ganz überflüssig. Sie macht weiterhin sehr unabhängig von atmosphärischen Störungen, da ihre Höhe ganz geringfügig ist, sie sogar unmittelbar auf dem Erdboden, selbst in nassem Grase aufgestellt werden kann, ohne die Lautstärke des Empfanges zu schädigen. Endlich besitzt sie eine ausgesprochene Richtwirkung, die die Bestrebungen, einen Störsender auszukoppeln, sehr unterstützt. Sie nimmt

Abb. 37. Rahmenantenne zusammengeklappt.

Der Abstimmkreis. 51

Energie nur auf, wenn sie auf den Sender zu gerichtet ist, d. h. ihre Ebene dorthin zeigt. In Abb. 38 ist dieses Verhalten dargestellt. In A ist die Sendeantenne aufgestellt, die kugelförmig um sich herum (im Grundriß ist das natürlich ein Kreis) Wellenenergie aussendet. Die in a stehende, von oben gesehene Rahmenantenne steht mit ihrer Ebene senkrecht auf der Verbindungslinie zur Sendeantenne, ihre Fläche wird also von keinerlei Kraftlinien geschnitten und nimmt keine Energie auf, der Empfang ist gleich Null. In b dagegen steht die Rahmenantenne gerade auf die Sendeantenne zu gerichtet, ihre Fläche wird von allen an ihrem Orte vorhandenen Kraftlinien geschnitten und nimmt maximale Energie auf, der Empfang ist am stärksten.

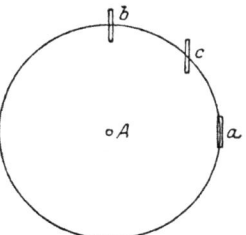

Abb. 38. Richtwirkung des Rahmens.

In den dazwischenliegenden Stellungen ist die Energieaufnahme ein Mittelwert, sie verläuft nach einer Sinuskurve. Da eine solche am Scheitel ganz flach verläuft (vgl. Abb. 10), so ist das Maximum des Empfanges nicht sehr deutlich ausgeprägt, um so deutlicher aber das Minimum, weil dort der aufsteigende Ast der Sinuslinie die wagerechte Achse unter einem sehr steilen Winkel schneidet. Dadurch eignet sich die Rahmenantenne zum Auffinden der Richtung eines Störsenders, wie überhaupt zur Richtungsbestimmung. Ebenso kann man durch Ausnützung dieses Umstandes sehr gut einen störenden Sender auskoppeln. Natürlich versagt das Verfahren dann, wenn der störende Sender zu nahe ist, wenn er z. B. in derselben Stadt, womöglich gar in unmittelbarer Nähe sich befindet. Dann nimmt die Rahmenantenne auch in der Stellung senkrecht zur Verbindungslinie soviel Energie auf, daß ein Empfang zustande kommt. Über einen Schaltfehler, durch den das Auffinden des Minimums auch bei größerer Entfernung schwer oder unmöglich gemacht wird, soll weiter unten gesprochen werden.

Im allgemeinen kann man mit Rahmen nur bei genügender Hochfrequenzverstärkung arbeiten, da die Energie, die die kleine Fläche des Rahmens aufnimmt, immer gering ist. Bei einem nahen, möglicherweise auch bei einem etwas weiter entfernten, aber sehr lautstarken Sender dagegen kann man recht wohl auch mit Audion und Rückkopplung guten Empfang bekommen.

Man sollte diese Möglichkeit mehr ausnützen, als es bisher noch in Deutschland geschieht, denn der Rahmenempfang ist infolge seiner Störungsfreiheit recht vorteilhaft. Fernempfang z. B. ist mit Rahmenantenne unvergleichlich genußreicher als mit Hochantenne, da ein großer Teil der ihn arg beeinträchtigenden Störungen dann wegfällt oder stark vermindert wird. Man muß freilich stärkere Hochfrequenzverstärkung anwenden als bei Hochantennenempfang, doch macht das keinerlei Schwierigkeiten. Ein anderer Vorteil der Rahmenantenne ist der Umstand, daß man sie mit auf Reisen nehmen, in einem Boot, Auto oder dergleichen bequem unterbringen kann.

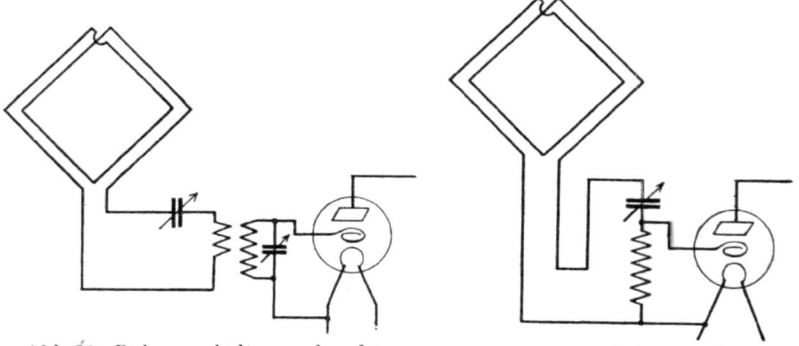

Abb. 39. Rahmenschaltung sekundär.   Abb. 40. Rahmenschaltung primär.

Die Schaltung der Rahmenantenne ist denkbar einfach. Sie wird mit beiden Enden an einem Drehkondensator angeschlossen, durch den sie auf die zu empfangende Welle abgestimmt wird. Mit dem so entstandenen, geschlossenen Schwingungskreise muß der Primärkreis des Empfängers auf irgendeine Weise gekoppelt werden. Am einfachsten ist die Schaltung Abb. 39. In Reihe mit dem Rahmen liegt eine kleine Koppelspule von wenig Windungen, sowie ein Drehkondensator. Die Koppelspule ist mit der Primärspule des Empfängers gekoppelt, der natürlich nur in Schwungradschaltung geschaltet sein darf, da er sonst offen wäre, so daß sich keine Schwingungen ausbilden könnten. Zuerst wird die Antenne durch den Drehkondensator abgestimmt, darauf der Primärkreis des Empfängers ebenfalls durch seinen Drehkondensator. Die Bezeichnungen Schaltung lang und Schaltung kurz

Der Abstimmkreis. 53

verlieren bei Gebrauch einer Rahmenantenne ihren Sinn, da der überwiegende Einfluß der Kapazität der Hochantenne wegfällt.

Man kann auch ohne induktive Kopplung den Rahmen unmittelbar galvanisch mit dem Primärkreis koppeln, wie es Abb. 40 zeigt, wobei durch den Kondensator des Primärkreises abgestimmt wird. Diese Schaltung ist nicht zu empfehlen. Da im Kreise der Rahmenantenne auch die ganze Abstimmspule des Primärkreises liegt, müssen viele Rahmenwindungen abgeschaltet werden, damit die Gesamtinduktivität nicht zu groß wird, das schwächt den Empfang. Außerdem kommt die Rahmenantenne hierbei mit der Batterie in Verbindung, die immer eine erhebliche Erdkapazität besitzt, dadurch erhält auch sie Erdkapazität und verliert ihre vorzügliche Eigenschaft der Richtwirkung, die eine reine Spulenwirkung ist. Man erhält dann gar kein Minimum mehr oder ein falsches; bei Empfang des Lokalsenders ist das ohne Belang, bei Fernempfang kann es indes wichtig sein. Diese Schaltung kann daher höchstens bei Gebrauch eines fertigen Gerätes angewendet werden, wo sie manchmal nicht zu vermeiden ist, da nur Antenne- und Erdklemme zur Verfügung stehen. Ein solches Gerät ist z. B. der Telefunkenhochfrequenzverstärker Modell K, dessen Schaltung später erläutert wird. Will man ein solches Gerät mit Rahmenantenne verwenden, so schaltet man am besten die Rahmenwindungen in Reihe mit dem Primärkreis, man verbindet also, wie es Abb. 41 zeigt, Rahmen—Abstimmkondensator—Antennenklemme — Erdklemme (im Gerät verbunden)—Rahmen. Da in diesem Kreise unvermeidlicherweise viel Selbstinduktion liegt, ist durch Reihenschaltung der beiden Kondensatoren wenigstens die Kapazität vermindert, so daß man einen größeren

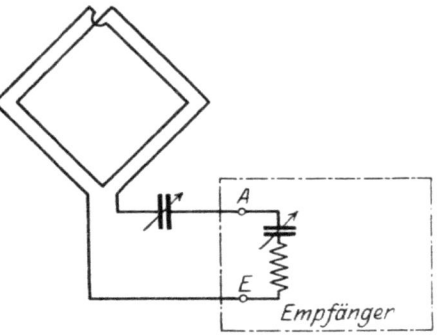

Abb. 41. Rahmenschaltung zum Anschluß an fertige Geräte.

Teil der Rahmenwindungen beibehalten kann. Statt des außerhalb des Gerätes liegenden Drehkondensators kann auch ein Blockkondensator verwendet werden, dessen Kapazität aber nicht über 200 cm, am besten weniger betragen sollte. Auch die Schaltung Abb. 42 ist möglich, wobei die Rahmenwindungen sowohl wie die Antennen- und Erdklemme des Empfängers durch einen der Abstimmung des Rahmens dienenden Drehkondensator überbrückt worden sind, doch schafft die vorhergehende Schaltung klarere Verhältnisse. Bei dem später zu erwähnenden 5-Röhren-Ultradyngerät der Deutschen Telephonwerke sind ebenfalls beide Schaltungen möglich, auch hier ist die Schaltung Abb. 41 vorzuziehen. Bei anderen käuflichen Geräten liegen meistens genau dieselben Verhältnisse vor, sie können hier nicht alle besonders erwähnt werden.

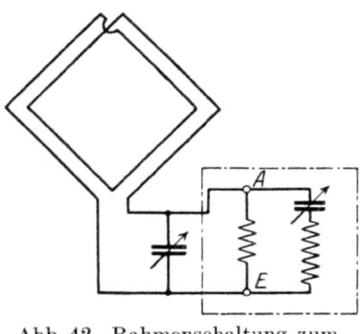

Abb. 42. Rahmenschaltung zum Anschluß an Telefunkengerät.

Eine Rahmenschaltung besonderer Art stellt die Abb. 43 nach einem Vorschlage von Dr. Ing. Herbert Hoffmann vor. Sie hat mancherlei Vorzüge.

Wie schon erwähnt wurde, ist der Rahmenempfang besonders frei von atmosphärischen und anderen Störungen. Diese gute Eigenschaft läßt sich noch steigern durch die in Abb. 44 dargestellte Schaltung. Hierbei ist ein Rahmen durch zwei Drehkondensatoren im neutralen Punkte angezapft. Die beiden Kondensatoren haben je 1000 cm Kapazität, in der Erdverbindung liegt ein Kugelvariometer.

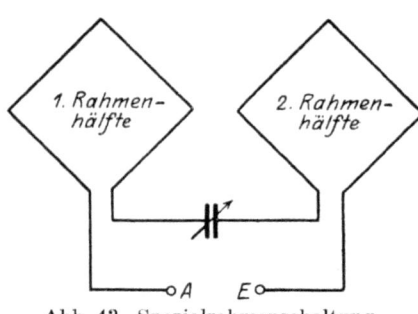

Abb. 43. Spezialrahmenschaltung.

c) **Die Spulen.** Beim Aufbau eines Empfängsgerätes bilden die Selbstinduktionsspulen neben den Kondensatoren den wichtigsten Bestandteil. Für den Funkfreund, der sich nicht mit den käuf-

Der Abstimmkreis. 55

lichen Honigwabenspulen begnügen will, bietet die Selbstherstellung von Spulen keine erheblichen Schwierigkeiten, vor allem, wenn er Zylinderspulen verwendet, die als Bauelement von Empfangsgeräten überhaupt sehr zu empfehlen sind. Auch die kapazitätsschwachen Flachspulen sind unschwer herzustellen, selbst für die Herstellung der viel schwieriger zu wickelnden Honigwabenspulen gibt es Anleitungen. Im allgemeinen aber sei dem Liebhaber das Selbstwikkeln von Zylinderspulen angeraten, zumal sie die für Hochfrequenztransformatoren am meisten geeignete Form darstellen. Man kann sie ein- oder mehrlagig wickeln, in diesem Falle erreicht man auf kleinerem Raume eine viel höhere Selbstinduktion, muß aber sorgfältigst darauf achten, die Eigenkapazität der Spule niedrig zu halten. Diese Eigenkapazität hat den Nachteil, die Ausbildung geschlossener Schwingungskreise in der Spule zu ermöglichen. Schaltet man eine derartige Spule mit einer kleinen Kapazität zusammen

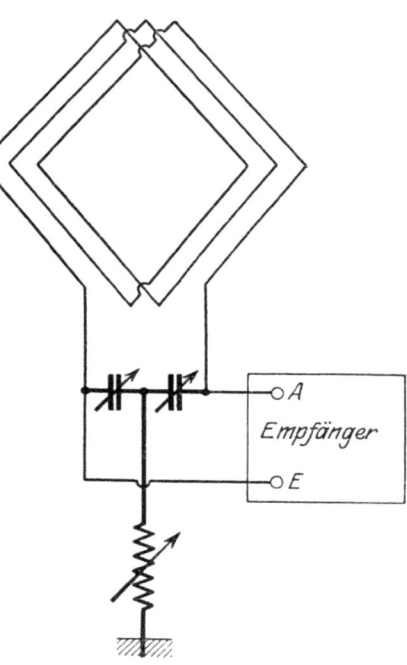

Abb. 44. Spezialrahmenschaltung für Störbefreiung.

in die Antenne, so fließen in ihr außer dem Hauptstrome noch Nebenströme, die man gegen jenen nicht mehr vernachlässigen kann. Sie haben bedeutende Verluste im Gefolge, vergrößern dadurch die Dämpfung des betreffenden Kreises und verflachen seine Resonanzkurve, so daß die Abstimmung verschlechtert wird. Auch beeinflussen sie die Wellenlänge, denn bei nicht kapazitätsfreien Spulen sind oft eine ganze Anzahl von Eigenschwingungen vorhanden und nachweisbar. Die Reinheit der

Abstimmung geht dabei völlig verloren. Deshalb sind solche Spulen gerade für Empfangsgeräte besonders nachteilig. Bei Drosselspulen, die durch hohen induktiven Widerstand die Hochfrequenzströme von anderen Kreisen fernhalten sollen, gilt ganz dasselbe. Bei großer Eigenkapazität können sie diese Aufgabe nicht mehr erfüllen. Sie bieten dann ein Bild, wie Abb. 45 es zeigt. Jeder Windung ist eine kleine Kapazität parallel geschaltet, das ist die Kapazität, die ein Draht gegen den ihm unmittelbar benachbarten, nur durch die Isolationsschicht getrennten, hat. Daß beide elektrisch verbunden sind, stört die Ausbildung einer solchen Windungskapazität gar nicht. Auch zwischen einer Windung und der übernächsten bildet sich eine Teilkapazität, endlich zwischen der ersten und letzten Windung einer Spule. So haben wir eine förmliche Traube von kleinen Teilkapazitäten neben der

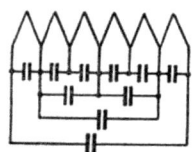

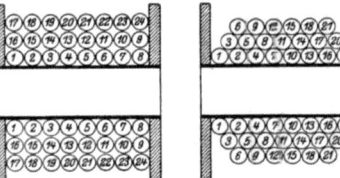

Abb. 45. Spulenkapazitäten.　　　　Abb. 46. Spulenwicklungen.

Induktivität, bei hoher Frequenz fließt dann der Strom durch jene, die ihm geringen Widerstand bieten und die Schranke, die ihm die Induktivität setzen soll, wird überstiegen. Die Wirkung der Drosselspule wird vollständig aufgehoben.

Will man daher mehrlagige Zylinderspulen verwenden, so muß man sie so wickeln, daß ihre Eigenkapazität möglichst gering wird. Das erreicht man durch die Stufenwicklung, wie sie in Abb. 46 rechts dargestellt ist. Ihr Prinzip besteht darin, daß die dicht beieinander liegenden Windungen, die also große gegenseitige Kapazität besitzen — bei einem Kondensator ist die Kapazität umgekehrt proportional dem Plattenabstand — auch in der Wicklungsfolge dicht aufeinander folgen sollen. Dann ist der Spannungsunterschied zwischen ihnen nur klein und der in die Teilkapazität fließende Ladestrom vermindert sich. In Abb. 46 links ist eine gewöhnliche, mehrlagige Zylinderwicklung dargestellt, bei ihr liegt Windung 16 unmittelbar neben Windung 1, 24 unmittelbar

Der Abstimmkreis. 57

an 9 usw. An deren gegenseitiger Kapazität liegt also eine verhältnismäßig hohe Spannung und der in sie hineinfließende Ladestrom wird groß, beträchtliche Verluste sind die Folge. Bei der Stufenwicklung liegt dagegen unmittelbar an Windung 1 nur Windung 2 und 3, an Windung 19 nur 16 und 20 usw. Die dicht beieinander liegenden Windungen mit großer gegenseitiger Kapazität liegen also in der Reihenfolge auch dicht beieinander, so daß zwischen ihnen nur geringe Spannungsunterschiede herrschen. Darin liegt der große Vorteil der Stufenentwicklung. Zu ihrer Ausführung wickelt man auf einem Pertinax- oder Pappzylinder erst die Windungen 1 und 2, bestreicht sie dann mit einer Lösung von 1 Teil Schellack in 10 Teilen Spiritus und wickelt nach dem Trocknen — was nur einen Augenblick dauert — die Windung 3 auf sie, 4 neben sie, bestreicht wiederum mit Schellacklösung, wickelt dann die Windungen 5 und 6 auf usw. Das Bestreichen mit Schellacklösung ist unentbehrlich, weil die ersten Windungen sonst ausweichen würden, wenn man die nächsten drüber wickelt.

Trotz solcher Vorsichtsmaßregeln können Spulen sehr großer Windungszahl das Mitschwingen besonderer Schwingungsbahnen im Innern der Spule zeigen, wenn deren Eigenschwingungszahl sich der Frequenz der empfangenen Welle nähert. Denn die Verbindung der Teilinduktivitäten mit den Teilkapazitäten stellt eine Reihe von Schwingungskreisen dar, die durch auftreffende Wellen angeregt werden können. Man hat dann folgende Mittel zur Verfügung, um das Auftreten dieser störenden Resonanzerscheinungen zu verhindern:

1. Man unterteilt die Spule in viele Einzelteile und schaltet die nicht verwendeten Abschnitte doppelpolig ab.
2. Man legt einen verhältnismäßig großen Kondensator parallel zur Spule und verlängert dadurch ihre Eigenschwingung entsprechend, so daß man aus dem Resonanzbereich herauskommt.
3. Man legt ihr eine größere Selbstinduktionsspule parallel, was die gleiche Wirkung hat.

Von diesen 3 Mitteln spielt besonders das erste für den Aufbau von Hochfrequenztransformatoren eine große Rolle, davon soll später noch eingehend die Rede sein.

d) Berechnung der Spulen. Für den selbstbauenden Liebhaber ist es wichtig, den Selbstinduktionskoeffizienten der selbst gebauten Spulen vorausberechnen zu können. Hierzu sollen ihm die nachfolgenden Ausführungen, die sich inhaltlich an Rein-Wirtz „Radiotelegraphisches Praktikum" anschließen, verhelfen.

Wie schon erwähnt, besteht zwischen der elektromagnetischen Einheit der Selbstinduktion, dem Henry und der elektrostatischen, dem cm die Beziehung

$$10^9 \text{ cm} = 1 \text{ H} = 10^3 \text{ mH}.$$

Die Selbstinduktion einer Wicklung in quadratischer Form spielt bei der Rahmenantenne eine große Rolle, sie ist gleich

$$L = 8a \cdot \left(2{,}3 \cdot \log \frac{2a}{d} - 0{,}52\right) \text{cm},$$

a ist die Seitenlänge des Quadrates, d der Drahtdurchmesser, beide Größen sind in cm einzusetzen.

Die folgenden Formeln sind einer Arbeit von Korndörfer entnommen, sie sind einfach zu gebrauchen und haben sich gut bewährt. Es bedeuten

L = Selbstinduktionskoeffizient in cm,
D = mittlerer Durchmesser der Spule in cm,
l = Länge der Spule in cm,
N = gesamte Windungszahl,
$n = \dfrac{N}{l}$ Windungszahl je cm Länge,
$\varLambda$ = Gesamtlänge des aufgewickelten Drahtes in cm,
f = ein Faktor, der den Zahlentafeln am Schlusse zu entnehmen ist.

Man berechnet L aus den Abmessungen in folgender Weise. Ist

$$U = 2(l + b)$$

der Umfang des rechteckigen Wicklungsquerschnittes (vgl. Abb. 47) mit den Seitenlängen l und b, so wird

$$L = 10{,}5 \cdot N^2 \cdot D \frac{D}{U} \text{ cm für } \frac{D}{U} \text{ zwischen 0 und 1,}$$

$$L = 10{,}5 \cdot N^2 \cdot D \frac{D}{U} \text{ cm für } \frac{D}{U} \text{ zwischen 1 und 3,}$$

$$L = 10{,}5 \cdot N^2 \cdot D \text{ cm für } \frac{D}{U} = 1.$$

Für $\dfrac{D}{U} = 3$ wird der Wert von L um höchstens 8% zu groß.

Der Abstimmkreis. 59

Ist $\dfrac{D}{U}$ größer als 3, so kann man die Formel nicht mehr verwenden.
Man muß dann mit genaueren Formeln rechnen. Darauf braucht indessen hier nicht eingegangen zu werden.
Ein Beispiel mag das Gesagte verdeutlichen. Es soll eine Spule für folgende Verhältnisse berechnet werden, die in der Praxis des Spulenwickelns von Liebhabern nicht selten vorkommen: Durchmesser $D = 7{,}6$ cm, Länge der Spule $l = 2$ cm, Windungszahl $N = 80$, $b = 0{,}1$.

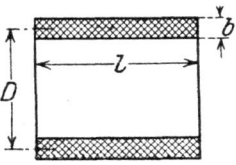

Abb. 47. Zylinderspule.

Dann wird
$$U = 2 \cdot (0{,}2 + 2) = 4{,}4,$$
$$\frac{D}{U} = \frac{7{,}6}{4{,}4} = 1{,}726.$$

Somit wird nach der mittleren der obigen 3 Formeln
$$L = 10{,}5 \cdot 6400 \cdot 7{,}6 \cdot 1{,}726$$
$$= 671000 \text{ cm}.$$

Wäre dieselbe Spule nur einlagig gewickelt worden, also $N = 40$ und $b = 0{,}5$, so betrüge ihre Selbstinduktion nur rund ein Viertel der eben berechneten, nämlich
$$L = 10{,}5 \cdot 1600 \cdot 7{,}55 \cdot 1{,}31$$
$$= 166400 \text{ cm}.$$

Man sieht daraus, welchen großen Wert die mehrlagige Wicklung hat, wenn es nur gelingt, den ihr anhaftenden Fehler, die große Eigenkapazität, zu verringern.

Noch in anderer Weise läßt sich der Wert der Selbstinduktion mittels des Zahlenwertes f berechnen. Die Grundlage dieser Berechnung bilden die Formeln
$$L = (\pi \cdot D \cdot n)^2 \cdot f \cdot l$$
oder
$$L = A^2 \cdot l \cdot f.$$

Diese Gleichungen können uns die Werte liefern für die Selbstinduktion von zylindrischen Spulen, Flachspulen und gerade ausgespannten Drähten.

α) **Zylindrische Spule.** Gegeben sei Windungszahl, Drahtdurchmesser und Spulendurchmesser.

In der Zahlentafel I am Schlusse dieses Bändchens suchen wir zu $\frac{l}{D}$ (l = Windungszahl × Drahtdurchmesser) den zugehörigen Wert von f. Dann ist L nach der Gleichung zu berechnen

$$L = \left(\pi \cdot D \cdot \frac{N}{l}\right)^2 \cdot l \cdot f.$$

Ein Beispiel: Eine Drosselspule von 6 cm Durchmesser, bewickelt mit 25 Windungen eines Drahtes von 0,2 mm Durchmesser, soll berechnet werden. Die Länge ist

$$l = 25 \cdot 0,02 = 0,5 \text{ cm},$$
$$\frac{l}{D} = \frac{0,5}{6} = 0,083.$$

Dafür finden wir in der Zahlentafel I den Wert $f = 0,18$ und

$$L = \left(\pi \cdot 6 \cdot \frac{25}{0,5}\right)^2 \cdot 0,5 \cdot 0,18$$
$$= 81\,000 \text{ cm}.$$

Wenn man die notwendige Länge einer Spule, um eine gewünschte Selbstinduktion zu erzielen, finden will, geht man umgekehrt vor. Gegeben seien die notwendige Selbstinduktion, der Spulendurchmesser, der Drahtdurchmesser und aus ihm die Windungszahl für die Längeneinheit. Daraus berechnet man zunächst

$$\frac{L}{\pi^2 \cdot n^2 \cdot D^3} = \frac{l \cdot f}{D}.$$

In der Zahlentafel II findet man zu $\frac{l \cdot f}{D}$ das zugehörige $\frac{l}{D}$. Da wir den Wert von D kennen, multiplizieren wir ihn einfach mit dem aus der Zahlentafel gefundenen Werte und erhalten so die gesuchte Spulenlänge l.

Beispiel: Wir wollen eine Spule von 600000 cm herstellen, aus Draht von 0,4 mm äußerem Durchmesser, bei einem Spulendurchmesser von 8 cm. Die Windungszahl ist 25 je cm Länge, denn $25 \cdot 0,4 = 1$ cm.

$$\frac{l}{D} f = \frac{600\,000}{\pi^2 \cdot 25^2 \cdot 8^3} = \frac{600\,000}{10 \cdot 625 \cdot 512}$$
$$= \frac{600\,000}{320\,000} = 0,196.$$

Der Abstimmkreis. 61

Zu $\frac{l}{D} f = 0{,}196$ gehört der Wert $\frac{l}{D} = 0{,}42$. Wir finden demnach

$$l = 0{,}42 \cdot 8 = 3{,}36 \text{ cm.}$$

Wir brauchen also $\frac{3{,}36}{0{,}04}$ Windungen dieses Drahtes, d. h. im ganzen 84.

β) **Flachspulen.** Um die Flachspulen nach denselben Formeln wie die Zylinderspulen berechnen zu können, fassen wir sie auf als eine zylindrische Spule mit einer Länge gleich der Windungstiefe l der Flachspule, und einem Durchmesser gleich dem mittleren Durchmesser D der Windungen der Flachspule (vgl. Abb. 48).

Es soll die Selbstinduktion einer Flachspule von 4 cm Innendurchmesser und 50 Windungen von 0,5 mm starkem Drahte berechnet werden. l ist gleich $50 \cdot 0{,}05 = 2{,}5$ cm, dieser Wert (einmal!) zum Innendurchmesser addiert, ergibt den mittleren Windungsdurchmesser D. Also ist $D = 6{,}5$ cm.

$$\frac{l}{D} = \frac{2{,}5}{6{,}5} = 0{,}374.$$

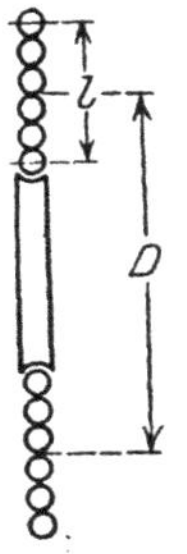

Zu diesem Werte finden wir in Zahlentafel III

$$f = 0{,}17.$$

Damit ergibt sich die Induktivität (vgl. S. 59)

$$L = (\pi^2 \cdot 6{,}5^2 \cdot 50) \cdot 2{,}5 \cdot 0{,}17$$
$$= 10 \cdot 42{,}3 \cdot 2500 \cdot 0{,}425$$
$$= 450000 \text{ cm.}$$

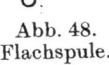
Abb. 48. Flachspule.

e) **Messung der Spulen.** Wertvoll ist es, die Eigenkapazität der Spule messen zu können. Dazu benutzt man den Umstand, daß diese Eigenkapazität mit der Selbstinduktion der Spule zusammen einen schwingungsfähigen Kreis ergibt. Diesen Kreis erregt man zu Schwingungen, deren Wellenlänge man mißt und aus der man nach der bekannten Thomsonschen Formel die wirkende Kapazität findet. Nicht immer gelingt das, da bei der doch sehr kleinen Eigenkapazität die Wellenlänge sehr kurz ausfällt. Man hilft sich dann, indem man der Spule einen geeichten Drehkondensator parallel schaltet. So entsteht ein vollständiger

Schwingungskreis, dessen Wellenlänge nunmehr von der Einstellung des Drehkondensators abhängt. Man verkleinert sie stufenweise und mißt jedesmal die entstehende Wellenlänge, deren Werte trägt man in einem Achsensysteme auf, dessen senkrechte Achse die Wellenlänge, dessen wagerechte Achse die parallelgeschaltete Kapazität enthält. Die Kurve endigt natürlich bei dem Punkte, der der Anfangskapazität des Parallelkondensators entspricht, bei einem 500 cm-Kondensator guten Fabrikats also etwa bei 30 cm. Dann kann man aber die Kurve leicht verlängern, so daß sie die senkrechte Achse schließlich schneidet, was dem Werte 0 der Parallelkapazität entspricht. So findet man einen Wert der Wellenlänge, der nur noch durch die Eigenkapazität der Spule bedingt ist und kann diese daraus berechnen. Dies Verfahren heißt Extrapolation.

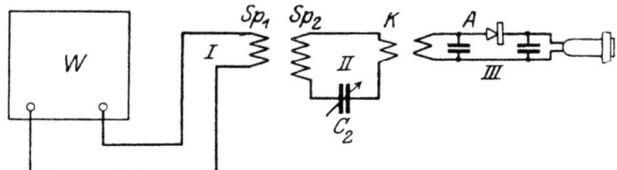

Abb. 49. Messung der Eigenkapazität von Spulen.

Die Abb. 49 stellt die dazugehörige Schaltung dar. Darin ist W ein Wellenmesser, Sp_1 seine bewegliche Spule, Sp_2 die zu messende Spule, C_2 der ihr parallel geschaltete Kondensator, K einige Koppelschwingungen, mit denen der aperiodische Kreis A angekoppelt wird. Man stellt nun den Drehkondensator auf einen bestimmten Wert ein, z. B. seinen Höchstwert 500 cm. Den Wellenmesser erregt man durch seinen Summer, so daß die in ihm entstehenden Schwingungen den Kreis II anregen. Die Kopplung Sp_1/Sp_2 darf dabei nicht zu fest sein. Die Schwingungen in II werden ein Maximum, wenn die erregende Welle mit der Eigenwelle des Kreises II übereinstimmt. Im Telephon des aperiodischen Kreises ist dabei ein deutliches Maximum des Tones zu hören, genau so, als wenn man auf eine Senderwelle abstimmt. An der Teilung des Wellenmessers kann man die dann erzeugte Welle ablesen und notiert sie. Sodann stellt man C_2 auf einen kleineren Wert ein, vielleicht 450 cm, hierauf geht man mit dem Wellenmesser etwas zurück und wird bei einer kleineren Welle abermals ein Maximum des Tones hören. Auch diese Wellenlänge wird notiert. So geht man dann die ganze Skala des Parallelkondensators durch, bis er auf Null steht, so daß noch seine Anfangskapazität wirkt. Nun machen wir uns ans Auftragen. Das Bild, das wir bekommen, sieht so aus, wie es Abb. 50 zeigt, eine Reihe von Punkten, die jedesmal zu einer bestimmten, am Wellenmesser abgelesenen Wellenlänge und einer bestimmten Kapazität des Kondensators C_2 gehören.

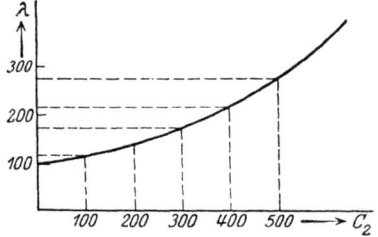

Abb. 50. Ermittlung der Eigenkapazität von Spulen.

Diese Kurve ist leicht zu verlängern, sie schneidet die senkrechte Achse bei einer Wellenlänge von 100 m. Hier ist also nur die Eigenkapazität der Spule noch wirksam, so daß wir dann deren Wert finden durch Zurückgehen auf die Formel

$$\lambda = \frac{2\pi}{100} \sqrt{L \cdot C},$$

woraus sich ergibt

$$C = \frac{\lambda^2 \cdot 10000}{4 \cdot \pi^2 \cdot L}.$$

Die dargestellten Messungen wurden an einer Spule von 260000 cm Selbstinduktion gemacht. Die Wellenlänge bei $C_2 = 0$ war 100 m, daraus finden wir die Eigenkapazität zu

$$C = \frac{10000 \cdot 10000}{4 \cdot 10 \cdot 260000} = 9{,}6 \text{ cm} \quad (\pi^2 = 10).$$

Die Eigenkapazität einer gut kapazitätsfrei gewickelten Spule kleiner Abmessungen läßt sich auf einige Zentimeter herabdrücken.

f) Die Kondensatoren. Dieser Abschnitt kann kurz sein, da der Liebhaber kaum versuchen wird, sich seine Kondensatoren selber zu bauen. Es gibt jetzt auf dem Markte eine große Anzahl Fabrikate in ganz verschiedenen Qualitäten, darunter ganz ausgezeichnete Erzeugnisse. Die gewöhnliche, billige Ware versagt nur allzuleicht, da der Plattenschluß bald eintritt, der ein Nachregulieren erfordert. Da diese Erscheinung oft chronisch wird, sei dem Liebhaber empfohlen, von vornherein gleich ein teureres, aber besseres Erzeugnis zu wählen. Besondere Beachtung verdienen die neuerdings auch in Deutschland auf den Markt kommenden Drehkondensatoren mit linearer Wellenlängen- und quadratischer Kapazitätsskala. In England sind sie bereits viel weiter verbreitet und in allen englischen Bauanleitungen findet man sie unter der Bezeichnung: square law condenser. Bei unserem gewöhnlichen Drehkondensator vergrößert sich die einander gegenüberstehende Fläche der Platten (mit Ausnahme des allerersten Anfanges) immer um dasselbe Maß, wenn wir den Kondensator um den gleichen Winkel drehen, sei es nun von 40 bis 50 oder von 160 bis 170. In der Wellenlängenformel steht nun aber die Kapazität unter der Wurzel, daher wächst die Wellenlänge eines so abgestimmten Kreises nicht proportional dem Drehwinkel, sondern weniger. Die dicke Linie in Abb. 51 zeigt den Anstieg der Wellenlänge bei einem derartigen Kondensator. Wenn man dagegen die Platten außen nicht durch einen Kreis, sondern durch eine Fermat'sche Spirale begrenzt, wächst die einander gegenüberstehende Plattenfläche nicht linear, d. h. proportional mit dem Drehungswinkel, sondern quadratisch, so daß die Wurzel daraus eine lineare Größe ist, die Wellenlänge eines mit einem solchen Kondensator abgestimmten Kreises wächst daher proportional mit dem Drehungswinkel. Die gerade Linie in Abb. 51 zeigt dieses Verhalten. Man hat also auf der ganzen Skala immer eine Änderung um dieselbe Meterzahl, wenn man den Kondensator um die gleiche Zahl von Graden verstellt. Das ist jedenfalls eine Annehmlichkeit. Es muß dagegen nicht unbedingt ein Vorteil sein. Betrachten wir den Anfang der Skala, so finden wir, daß, um eine Veränderung um 10 m zu erreichen, wir den gewöhnlichen Kondensator um 20° drehen müssen, während der quadratische Kondensator die gleiche Veränderung schon nach

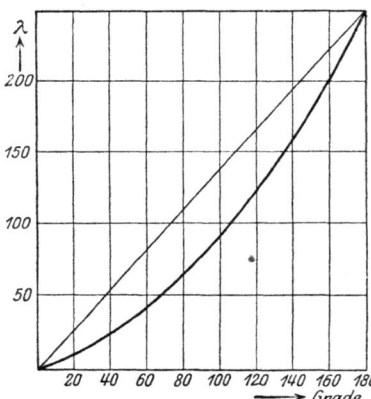

Abb. 51. Gewöhnlicher und Quadratgesetzkondensator.

11° ergibt. Wir können also, wenn wir im anfänglichen Bereiche der Skala arbeiten, zwei nahe beieinander liegende Stationen mit dem gewöhnlichen Kondensator leichter trennen, als mit dem quadratischen. Doch wird es nur selten gelingen, gerade auf diesem Bereiche zu arbeiten und vor allem, auch da zu bleiben (dazu müssen beständig die Spulen gewechselt werden), so daß dieser Vorteil kaum auszunutzen sein wird.

Bei Blockkondensatoren sind die Papierkondensatoren unbedingt zu vermeiden. Sie haben so große dielektrische Verluste, daß sie eine sehr starke Dämpfung geben und dadurch die Resonanzkurve ungebührlich verbreitern und verflachen. Glimmerkondensatoren sind diejenigen, die unbedingt anzuraten sind, am besten sind die Dubilier-Kondensatoren, die besonders im Hinblick auf geringe dielektrische Verluste entworfen worden sind.

g) Die Hochfrequenztransformatoren. Der Transformator in seiner grundsätzlichen Form besteht aus 2 irgendwie miteinander gekoppelten Spulen, in deren einer ein Strom fließt, der in der zweiten einen Strom induziert. Ob diese Spulen Zylinder-, Scheiben- oder Honigwabenform haben, ist gleichgültig. Wir wollen deshalb im folgenden die einfachste Form, den aus 2 Zylinderspulen bestehenden Transformator, betrachten, wobei wir die Frage, ob mit oder ohne Eisenkern, zunächst ganz ausscheiden.

Wir nehmen an, daß der Ohmsche Widerstand der ersten Spule verschwindend klein sei, was bei Hochfrequenztransformatoren häufig der Fall sein wird. Legen wir an die Klemmen der Spule eine Spannung E_1 mit einer Schwingungszahl ν, so fließt in der Spule ein Strom, der um sie herum ein magnetisches Feld erzeugt, dessen Linienzahl sich aus der Gleichung berechnet

$$\Phi = \frac{E_1}{4{,}44 \cdot n_1 \cdot \nu \cdot 10^{-8}},$$

wobei n_1 die Windungszahl der Spule ist.

In diese Spule schieben wir nun eine zweite Spule hinein, mit der Windungszahl n_2. Das vom Strom in der ersten Spule erzeugte magnetische Feld schneidet die Windungen der zweiten Spule und erzeugt in ihnen eine elektromotorische Kraft, deren Größe sich aus derselben Gleichung ergibt:

$$E_2 = 4{,}44 \cdot \nu \cdot n_2 \cdot \Phi \cdot 10^{-8}.$$

Indem man beide Gleichungen durcheinander dividiert, findet man

$$\frac{E_1}{E_2} = \frac{n_2}{n_1}.$$

Die erzeugten Spannungen verhalten sich wie die Windungszahlen. Das wird verständlich, wenn man bedenkt, daß das primäre magnetische Feld die Sekundärwirkungen sämtlich schneidet und in jeder dieselbe Spannung erzeugt. Da sie alle hintereinander geschaltet sind, ist die Gesamtspannung ihrer Anzahl proportional. Daher nennt man das Verhältnis der Windungszahlen auch das Übersetzungsverhältnis des Transformators. Wohl gemerkt gilt das nur für den leerlaufenden Transformator. Die Abweichung bei Belastung braucht uns indessen hier nicht zu beschäftigen. Enthält der Transformator einen Eisenkern, so ändert sich an diesem Verhalten nichts. Nur wird das magnetische Feld wegen der hohen magnetischen Leitfähigkeit des Eisens außerordentlich viel stärker, und damit wächst die Größe der übertragbaren Energie stark an. Freilich weist das Eisen auch Verluste auf, die bei Hochfrequenz so stark dämpfen können, daß der Eisenkern mehr schadet als nützt. Dem begegnet man durch eine weitgehende Unterteilung dieses Kernes. Schon in der Starkstromtechnik, mit ihren langsamen Schwingungen, muß man die Kerne aus 0,35 mm starken Blechen aufbauen, um die Verluste klein zu halten, in noch viel stärkerem Maße wäre dies bei den Niederfrequenztransformatoren der Fall (wenngleich es meistens leider nicht geschieht). Vollends bei den Hochfrequenztransformatoren ist es ganz unentbehrlich. Man nimmt dann als Kern entweder ganz dünne Drähte (Siliziumstahldraht von 0,03 bis 0,05 mm Durchmesser) oder ein Gemenge von Eisenpulver mit feinst geriebenem Hartholzsägemehl, das mit Bienenwachs zu einem Brei zusammengerührt ist. Es soll soviel Eisen im Brei enthalten sein, daß er vom Magneten ganz schwach angezogen wird.

Die Verwendung von Eisen bringt noch eine andere Gefahr mit sich, als nur die Verluste. Wie schon erwähnt, wird das die Spulenwindungen umgebende und die Kopplung zwischen Primär- und Sekundärwicklung vermittelnde magnetische Feld außerordentlich viel stärker, wenn es auf seinem Wege Eisen vorfindet, weil dessen magnetische Leitfähigkeit so vielmal größer ist als die der Luft. Die rechte Seite der obenstehenden Gleichungen ist deshalb noch

Der Abstimmkreis. 67

mit dem Faktor μ, der magnetischen Durchlässigkeit oder Leitfähigkeit des Eisens, zu multiplizieren. Dieser Faktor ist nun aber nicht konstant, wie etwa die elektrische Leitfähigkeit eines Metalles, sondern er schwankt. Er ist abhängig von der magnetischen Felddichte und auch von der magnetischen Vorgeschichte des Eisens. Dieser Punkt ist für die Praxis unwichtig, um so mehr aber jener. Eisen hat eine magnetische Charakteristik, die der Charakteristik einer Röhre nicht unähnlich ist. Abb. 52 zeigt sie für eine gewöhnliche Eisensorte. Auf der wagerechten Achse sind die magnetischen Feldkräfte, auf der senkrechten die erzeugte Kraftlinienzahl aufgetragen. Man sieht, daß im Anfange die Kraftlinienzahl mit zunehmender Feldstärke sehr stark ansteigt und erst nach und nach die Kurve umbiegt. Mit zunehmender

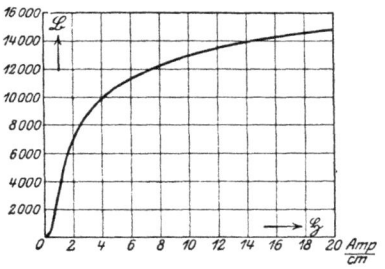

Abb. 52. Magnetisierungskurve.

Feldstärke steigt die Kraftlinienzahl immer weniger, zuletzt so gut wie gar nicht mehr. Wir haben dann einen Zustand der Sättigung erreicht, genau wie in der Röhre, wo auch zuletzt die Sättigung eintrat. Wird die magnetisierende Kraft, d. h. in diesem Falle die Stromstärke, in den Primärwindungen des Transformators so stark, daß das Feld bis zu solchen Zahlen gelangt, so ist es nicht mehr proportional der erzeugenden Stromstärke. Das hat zur Folge, daß auch die sekundär erzeugte Spannung nicht mehr proportional der Primärspannung ist, so daß der im Sekundärkreise fließende Strom — der z. B. einen Fernhörer oder Lautsprecher durchfließen mag — nicht mehr eine einfache Vergrößerung oder Verkleinerung des Primärstromes ist. Es tritt also dann Verzerrung ein. Die Wirkung ist dann genau die gleiche, als wenn eine Röhre überschrieen wird, wie es oben auf S. 15 geschildert wurde. Darum ist bei Verwendung von Eisen Vorsicht geboten. Bei den schwachen Strömen in den Primärwicklungen von Hochfrequenztransformatoren werden so große magnetische Feldkräfte allerdings nur höchst selten erregt werden, doch könnte es bei Verwendung von Röhren mit hohem Anodenstrome vorkommen. Bei

5*

Niederfrequenzverstärkern ist der Fall aber nicht selten, zwar sind auch ihre Wicklungen nur von schwachen Strömen durchflossen, doch ersetzt bei ihnen die hohe Windungszahl die fehlende Stromstärke, denn das, worauf es ankommt, ist die sog. Amperewindungszahl, das Produkt von Stromstärke und Windungszahl.

Die Kopplung zweier Spulen ist nun aber nicht nur von ihrer räumlichen Lage, Windungszahl usw. abhängig, sondern auch von der erregenden Frequenz oder der Wellenlänge. Wie die zweite der vorstehenden Gleichungen zeigt, ist die sekundär erzeugte Spannung unmittelbar abhängig von der Frequenz des Primärstromes. Dies zeigt eben, daß die Fernwirkung eines Stromes oder des ihn umgebenden magnetischen Feldes um so größer ist, je kürzer seine Wellenlänge oder je höher seine Frequenz ist. Daher können wir bei Hochfrequenztransformatoren die loseste Kopplung wählen, wodurch wir die bekannten Vorteile erhöhter Selektivität, der Freiheit von störenden Kopplungswellen usw. erhalten. Die Grenze ist gegeben durch die Kopplungsverluste, die natürlich auch nicht zu hoch werden dürfen.

Ferner ist darauf zu achten, daß die Transformatoren räumlich nicht zu groß werden. Die Leichtigkeit, mit der bei Hochfrequenz eine magnetische Kopplung erreicht wird, kann zur Gefahr werden, wo eine Kopplung nicht gewünscht wird. Je größer eine Spule ist, um so größer ist ihr Feld, um so leichter tritt eine unerwünschte Kopplung ein. Wenn sich in einem Mehrfachhochfrequenzverstärker die Transformatoren zweier Stufen koppeln, wird der Verstärker meistens ins Selbstschwingen geraten und anfangen zu pfeifen. Daher dürfen die Spulen ein gewisses Maß nicht überschreiten, vorausgesetzt, daß sie nicht durch Einschließen in eine Metallkapsel vor unerwünschten Kopplungseffekten geschützt sind. Zu klein dürfen sie aber auch nicht sein, da sonst die Eigenkapazität zu groß wird, was zur Folge haben könnte, daß die Eigenwelle des so gebildeten Schwingungskreises in den Bereich der aufzunehmenden Wellen fiele. Eine Welle aber, die den Transformator zu Eigenschwingungen anregt, wird unverhältnismäßig mehr verstärkt, als die anderen, so daß eine große Verzerrung der ankommenden Telephonie entstünde.

Wichtig ist die Wahl des Leiter- und Isolationsmaterials. Als Leitermaterial kommt normalerweise nur Kupfer in Frage, doch gibt es Fälle, wo man, um größere Dämpfung zu erzielen, zum

Der Abstimmkreis. 69

Bewickeln isolierten Widerstandsdraht nimmt. Als Isolationsmaterial ist die sonst ausgezeichnete Seide unverwendbar. Sie ergibt hohe dielektrische Verluste, daher eine erhebliche, zusätzliche Dämpfung. Viel besser sind die emaillierten Drähte, am besten baumwolleumsponnener Draht. Da in Hochfrequenztransformatoren hohe Spannungen kaum vorkommen, wird das Isolationsvermögen einer doppelten Baumwolleumspinnung wohl stets ausreichen. Die später zu besprechende Tränkung erhöht es noch weiter.

Man unterscheidet aperiodische und abgestimmte Hochfrequenztransformatoren. Die einfache Form zweier Spulen, von denen eine vom Hochfrequenzstrome durchflossen wird und auf die andere induziert, bezeichnet man gewöhnlich als aperiodisch, ein Ausdruck, der in diesem Falle nicht streng richtig ist, aber sich sehr eingebürgert hat. Aus dem aperiodischen wird ein abgestimmter Transformator, indem man einer Wicklung einen Drehkondensator parallel schaltet und sie durch diesen auf die zu empfangende Welle abstimmt. Jede von beiden Ausführungsformen hat ihre Vor- und Nachteile, deshalb findet man sie beide oft angewendet. Wie wir später sehen werden, ist bei mehrstufigen Hochfrequenzverstärkern eine Kombination von beiden die allergünstigste Lösung.

Wir wollen zuerst die abgestimmten Transformatoren betrachten, die in Hochfrequenzverstärkern noch immer die weiteste Verbreitung haben. Deren Leistung ist in hohem Grade vom Verhältnis des den beiden Wicklungen anliegenden Widerstandes abhängig. Wir haben dieselben Erscheinungen vor uns, wie wir sie früher bei der Leistungsabgabe der Röhren festgestellt hatten, dem dort bestimmenden Verhältnisse von innerem und äußerem Widerstande entspricht hier das Verhältnis des Primärwiderstandes zu dem mit dem Quadrat des Übersetzungsverhältnisses multiplizierten Sekundärwiderstande. Das ist in den meisten Fällen der Widerstand des Gitterkreises der folgenden Röhre. Ist der primäre Widerstand sehr klein, so ist keinerlei Resonanzerscheinung vorhanden, da der Gitterwiderstand immer sehr hoch ist. Die Sekundärspannung ist dann wie bei einem Starkstromtransformator einfach gleich der Primärspannung multipliziert mit dem Übersetzungsverhältnis ($E_1 ü$). Je größer der Primärwiderstand wird, um so mehr treten die Resonanzerscheinungen hervor, und wenn $\ddot{u}^2 \cdot R_1$ groß gegen R_2 wird, beschreibt die Sekundärspannung, wenn bei konstanter Primärspannung die Frequenz (Wellenlänge) geändert wird, eine Resonanzkurve. Es ergibt sich daraus der von Barkhausen aufgestellte Satz:

Bei gleichen Sekundärwindungen bekommt man bei gegebenem R_1 um so stärkere Frequenzabhängigkeit, je weniger Primärwindungen man dem Transformator gibt (je größer $\ddot{u}$ ist).

Es ist dies dieselbe Erscheinung, die sich in der Hochfrequenztechnik als Abstimmfähigkeit lose gekoppelter Kreise äußert.

Aus diesen Darlegungen geht hervor, wie wichtig es ist, die Eigenkapazität der Wicklungen klein und die Isolation des Gitters gegen die Kathode hoch zu halten. Daher sind sowohl für Röhren wie für einsteckbare Hochfrequenztransformatoren Sockel aus minderwertigen Preßmaterialien nicht geeignet, man sollte nur Hartgummisockel (oder allenfalls Pertinax) nehmen. Abb. 53 zeigt die Größe des wirksamen Primärwiderstandes eines Eingangstransformators in Abhängigkeit von der Wellenlänge, bei sekundärer Belastung mit verschiedenen Widerständen. Man sieht, wie selbst bei einem so hohen Widerstande, wie 10 Megohm (10 Millionen Ohm) es sind, die Resonanzkurve breit, flach und verwaschen erscheint. Es ist aber fast unmöglich, sowohl den Ohmschen wie den kapazitiven Widerstand auf der Sekundärseite größer als 10 Megohm zu machen.

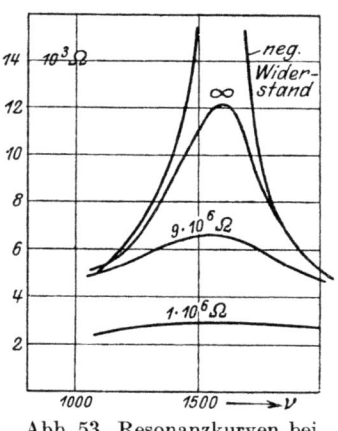

Abb. 53. Resonanzkurven bei verschiedenen Widerständen.

Der abgestimmte Transformator ist also dadurch ausgezeichnet, daß er eine besonders hohe Spannung auf der Sekundärseite zu erzeugen gestattet. Da die Abstimmung auf einem breiten Bereich von Wellenlängen durchführbar ist, kann man sich damit allen vorkommenden Wellen bequem anpassen. Hohe Spannung am Gitter, sei es eines Audions, sei es einer folgenden Verstärkerröhre, bedeutet aber einen hohen Verstärkungsgrad, wie wir schon früher

Der Abstimmkreis. 71

sahen. Die Abb. 54 zeigt, wie gewaltig der Verstärkungsgrad in der Nähe des Resonanzpunktes ansteigt.

Dem großen Vorteil der hohen Verstärkung stehen nun freilich auch große Nachteile gegenüber. Der schwerwiegendste von ihnen ist die Empfindlichkeit eines solchen Verstärkers gegen äußere Einflüsse. Der Verstärker, namentlich bei mehrfacher Verstärkung, besitzt eine ganz außerordentlich große Neigung zum Selbstschwingen (Pfeifen), die zu beheben oft recht schwierig ist. In besonderem Maße gilt das von den Verstärkern für kurze Wellen, von denen hier die Rede ist. Von den Mitteln, die angewendet werden, diese Pfeifneigung zu beseitigen und Stabilität des Gebildes zu erzielen, wird später die Rede sein.

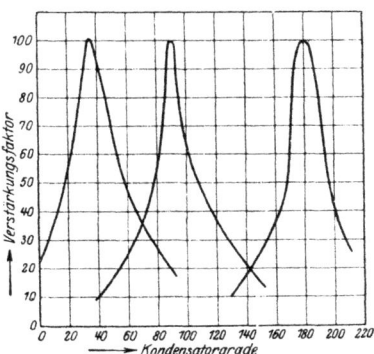

Abb. 54. Verstärkungskurven von Hochfrequenztransformatoren.

Hier soll nur darauf hingewiesen werden, daß schon die durch Annäherung der Hand erhöhte Kapazität so störend wirkt, daß man die Platte, auf der man gewöhnlich die Einzelteile aufbringt, entweder mit einer Abschirmplatte versehen (einer auf der Rückseite angebrachten, geerdeten Metallfolie) oder die Kondensatoren, Spulenkoppler usw. durch lange Übertragungsgriffe bedienen muß.

Bei einem Mehrfachhochfrequenzverstärker mit abgestimmten Transformatoren (oder Zwischenkreisen) ist auch die Schwierigkeit, die gesuchte Welle zu finden, ungemein groß. Bei einem 3fach-Verstärker z. B. muß man 3 Kreise auf dieselbe Welle abstimmen, da die Selektivität hier schon ungemein groß ist, ist es kaum möglich, diese Welle bei ihrem schnellen Vorüberhuschen im Fernhörer festzuhalten. Die Bedienung eines 8fachen Verstärkers, wie er in der drahtlosen Telegraphie vorkommt, ist nur bei genauer Kenntnis der Abstimmungslage der gesuchten Welle möglich.

Dem gegenüber hat der aperiodische Transformator den Vorteil einer weit geringeren Empfindlichkeit und der wenigstens annähernd gleichmäßigen Verstärkung eines ziemlich breiten Wellenbandes. Unabhängig von der Wellenlänge ist hier freilich die Verstärkungsziffer nicht, wie die Abb. 55 beweist, die die Verstärkungskurve für einen Hochfrequenztransformator der Deutschen Telephonwerke in Berlin darstellt, der jedenfalls zu den besseren Erzeugnissen auf dem Gebiete gehört. Die auf der senkrechten Achse aufgetragenen Zahlen sind das Übersetzungsverhältnis, das der Transformator für die auf der wagerechten Achse aufgetragenen Wellen besitzt. Die Type a hat ein sehr kräftiges Maximum bei 375 m, hier ist $ü = 16$, während es sonst zu beiden Seiten stark abfällt. Unter 275 und über 450 m Welle ist dieser Transformator überhaupt kaum noch zu gebrauchen, lediglich für den schmalen Bereich von etwa 350 bis 410 m liefert

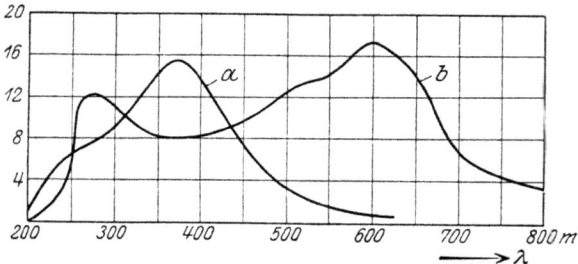

Abb. 55. Verstärkungskurven von Hochfrequenztransformatoren DTW.

er eine erhebliche Übersetzung. Die Type b ist demgegenüber wesentlich besser geeignet, ein breites Wellenband zu verstärken. Sie hat zwei Maxima aufzuweisen, eines bei 275 m und ein zweites bei 600 m, sie sind durch ein breites und flaches Minimum, das sich ungefähr von 300 bis 500 m erstreckt, getrennt. Aber auch innerhalb dieses Minimums ist die Übersetzung noch gut und gewährleistet eine ausreichende Verstärkung. Diese Kurven offenbaren auf einen Blick die Nachteile, die dem aperiodischen Transformator anhaften. Die Telephonie besteht bekanntlich aus einem ganzen Bündel Wellen, ähnlich wie der weiße Lichtstrahl aus einer ganzen Anzahl Lichtwellen höchst verschiedener Länge zusammengesetzt ist. Der sog. Trägerwelle, d. h. derjenigen Welle, die der Sender erzeugt — Berlin z. B. 505 m — überlagern sich die niederfrequenten Schwingungen der Sprache, die jene derartig modulieren, daß eine große Anzahl hochfrequenter Wellen verschiedener Länge entstehen. Infolgedessen erzeugt ein Telephoniesender eigentlich nicht eine Welle, wie es in den Ankündigungen gewöhnlich heißt, sondern eine ganze Anzahl. Der aperiodische Transformator verstärkt diese nun, wie die Kurven zeigen, sehr ungleich, er sucht sich vor allem die Wellen heraus, die seiner Eigenschwingungszahl entsprechen und verstärkt diese ganz besonders kräftig, auch die dicht danebenliegenden noch, aber andere, die von seinem Maximum weit ab liegen, nur recht ungenügend. Insofern verursacht er also eine Verzerrung von Sprache und Musik. Noch schlimmer ist es freilich mit dem abgestimmten Transformator bestellt, der eben nur die Welle verstärkt, auf die er abgestimmt ist, alle anderen aber so gut wie gar nicht. Da diese Welle, die er besonders kräftig verstärkt, aber gerade die Trägerwelle ist, tritt dieser Mangel nicht so sehr in Erscheinung.

Dem Vorteil der gleichmäßigeren Verstärkung eines breiteren Wellenbandes steht beim aperiodischen Transformator der Nachteil einer im großen ganzen schwächeren Verstärkung gegenüber. Diese kann beim abgestimmten Transformator leicht das 3- bis 6fache der beim aperiodischen Transformator erzielbaren betragen. Beim Mehrröhrenverstärker multiplizieren sich diese Zahlen noch mit sich selbst, so daß der Unterschied ganz außerordentlich groß wird. Infolgedessen ist das Bestreben, die Abstimmung anzuwenden, sehr lebhaft und es ist viel Geistesarbeit darauf verwendet worden, die ihr anhaftenden Mängel zu beseitigen.

Am günstigsten scheint eine Kombination beider Bauarten zu sein. Wir werden diese später als T-A-T-System kennen lernen. Auch Kappelmayer hat einen derartig gebauten Hochfrequenzverstärker mit zwei abgestimmten und einem aperiodischen Transformator untersucht und fand, daß er befriedigend arbeitet, sobald die Belastung im Ausgangskreise der dritten Röhre genügend sorgfältig abgeglichen war. Bedienungsschwierigkeit und Kapazitätsempfindlichkeit sind nach seiner Angabe immer noch sehr groß, aber auch die Verstärkungsziffer. Eine Schaltung ist von ihm nicht angegeben worden. Das von Scott-Taggart ausgearbeitete T-A-T-System besitzt nach Angabe seines Erfinders diese Mängel nicht.

Die Abb. 56 zeigt einen der vorhin besprochenen Hochfrequenztransformatoren der Deutschen Telephonwerke, er ist in ein Hartgummigehäuse eingeschlossen.

Wie schon wiederholt erwähnt, ist es beim Aufbau der Hochfrequenztransformatoren wichtig, die Eigenkapazität möglichst zu verringern. Nach den Messungen von Günther (Breslau) genügt schon eine Eigenkapazität von 5 cm, um die Lautstärke merklich herabzusetzen. Nun können zwar kapazitätsfrei in Scheiben gewickelte Spulen leicht auf geringere Kapazitätswerte gebracht werden, indessen wird das durch die Kapazität der Zuleitungen und Anschlüsse wieder aufgewogen. Immerhin muß man alles tun, was möglich ist, um die Eigenkapazität der Wicklungen herabzudrücken, schon um die Ausbildung von Nebenschwingungskreisen innerhalb der Spulen zu vermeiden. Dazu ist am geeignetsten die Scheibenwicklung. Abb. 57 zeigt einen dergestalt gewickelten Transformator im Schnitt, wie ihn Kappelmayer angegeben hat. Der tragende Körper ist eine Fiberröhre, in die

Abb. 56. Hochfrequenztransformator der DTW.

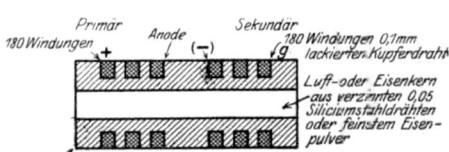

Abb. 57. Hochfrequenztransformator im Schnitt.

6 Nuten zur Aufnahme der Wicklung eingedreht sind. Je 3 Nuten enthalten die Primär- und die Sekundärwicklung. Es entstehen so 6 Scheiben, wodurch die Kapazität sehr herabgesetzt wird. Die Kopplung beider Wicklungen ist verhältnismäßig lose, die Vorteile dieses Zustandes sind bereits früher erwähnt worden. Primär- und Sekundärwicklung haben gleiche Windungszahlen, je 180 von 0,1 mm starkem, baumwolleumsponnenem Kupferdraht. Die in der Zeichnung eingetragene Polung muß sorgfältig beachtet werden, will man den Transformator nicht zum Erregen von Pfeiftönen veranlassen.

Die Abb. 58 zeigt — ebenfalls nach Kappelmayer — eine andere Art der Herstellung, wobei die Primärspule 90, die Sekundärspule 120 Windungen hat. Man legt beide Drähte nebeneinander, jedoch gibt man zuerst etwa 50 cm des Primärdrahtes hinein. Erst wenn soviel Primärdraht aufgebracht ist, wickelt man den Sekundärdraht auf. Beide Drähte werden dann nebeneinander solange aufgespult, bis der primäre zu Ende ist, worauf man den sekundären alleine weiterwickelt, bis auch er zu Ende ist. Dieses Wickelverfahren ist einfach und die Lautstärke ist gut, indessen stellt die Übersetzungs- oder Verstärkungskurve dieses Aggregats keine Gerade dar.

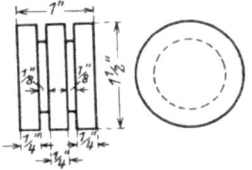

Abb. 58. Hochfrequenztransformator teilweise im Schnitt.

Die einfachste Bauart eines Hochfrequenztransformators ist die, wobei 2 Zylinderspulen ineinander geschoben werden. Abb. 59 stellt einen solchen Transformator im Schnitt dar. Der Kopplungsfaktor läßt sich durch Herausziehen der inneren Spule leicht verändern und auf den günstigsten Wert einstellen. Unter Umständen kann es günstig sein, die Primärwicklung aus Nickelindraht herzustellen und das Ganze vergießt man nach Einstellung und Prüfung mit Bienenwachs.

Eine Abstimmung eines Hochfrequenztransformators kann man auch dadurch erzielen, daß man die Variometerwirkung hintereinander geschalteter, verstellbarer Spulen benutzt. Eine etwas kompliziertere Schaltung nach Kappelmayer zeigt die Abb. 60,

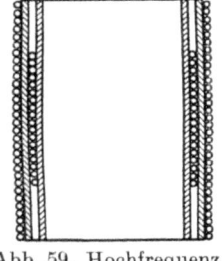

Abb. 59. Hochfrequenztransformator mit Zylinderspulen.

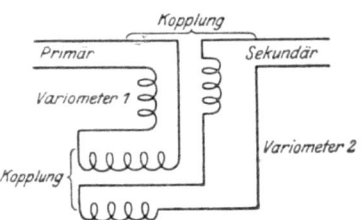

Abb. 60. Hochfrequenztransformator-Schaltung.

deren Wirkung aber der eines aperiodischen Transformators auch nicht wesentlich überlegen sein soll, so daß die Komplikation eigentlich nicht recht lohnt. Sie soll hier nur der Vollständigkeit halber erwähnt werden.

76 Die Bauteile des Hochfrequenzverstärkers.

Die folgenden Abb. 61 und 62 zeigen noch 2 weitere Bauarten von Hochfrequenztransformatoren, die vornehmlich für Abstimmung gedacht sind. Der erste besteht aus 2 Scheiben für die Sekundärwicklung, enthaltend je 1000 Windungen von 0,2 mm emailliertem Drahte, sowie eine Scheibe für die Primärwicklung, enthaltend 500 Windungen 0,3 mm Emailledraht. Die zweite Bauart besteht ebenfalls aus 3 Scheiben, primär 100 Windungen von 0,2 mm Draht, sekundär 2 · 100 Windungen desselben Drahtes. Die erste Bauart eignet sich infolge ihrer hohen Selbstinduktion mehr für lange Wellen von mehr als 2000 m, die zweite dagegen für die gewöhnlichen kurzen Rundfunkwellen.

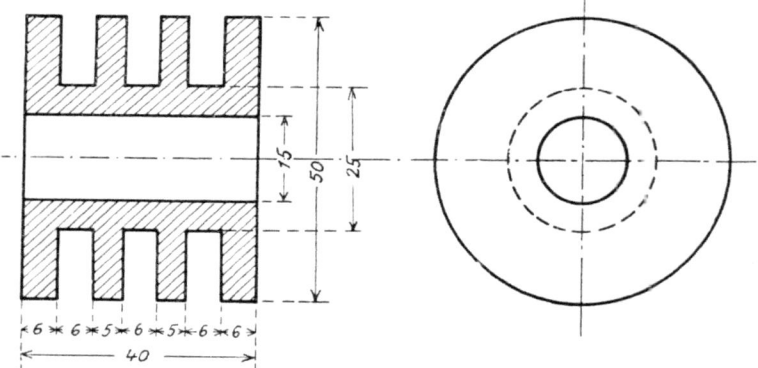

Abb. 61. Hochfrequenztransformator.

Beim Bau eines Hochfrequenztransformators ist der Schutz gegen äußere Einwirkungen sehr wichtig und darf nicht vernachlässigt werden. Die Spulen atmen, sie nehmen Luft auf und geben sie wieder ab, die darin enthaltene Feuchtigkeit bleibt aber zum größten Teile in der Spule zurück. Hygroskopisch sind alle Drahtisolationen, daher ziehen sie die Luftfeuchtigkeit ganz besonders begierig an sich. Der Hochfrequenztransformator reagiert darauf aber sehr stark, ebenso wie auf alle kapazitiven Einflüsse. Diesem Umstande muß man unbedingt Rechnung tragen. Man bettet ihn daher in eine schützende Masse ein, die zugleich isoliert, als solche haben sich sowohl Paraffin wie Bienenwachs gut bewährt. Am besten ist es, ihn in der Masse zu kochen und sodann im Vakuum zu trocknen, um alle Spuren von Feuchtigkeit und

Luft zu entfernen. Das wird dem Bastler natürlich in den meisten Fällen nicht möglich sein, er wird sich begnügen müssen, den Transformator in der Masse zu kochen. Bienenwachs und Paraffin haben die geringste zusätzliche Dämpfung von allen ähnlichen Körpern.

Bei der Armierung des Transformators muß man sein Augenmerk darauf richten, daß nicht durch Unvorsichtigkeit ein zu geringer Widerstand zwischen den Klemmen entsteht. Auf die große Bedeutung eines hohen Isolationswiderstandes zwischen Gitter und Kathode ist bereits in den früheren Abschnitten mehrfach hingewiesen worden, die Sekundärseite des Hochfrequenz-

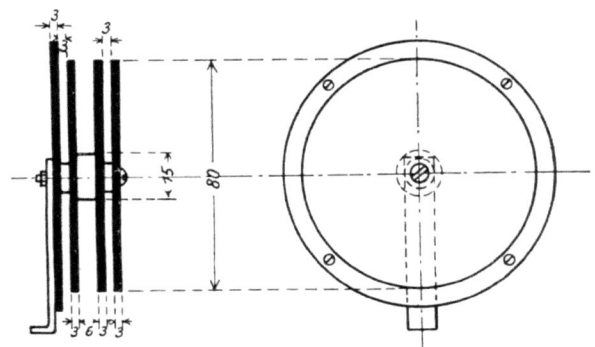

Abb. 62. Hochfrequenztransformator.

transformators liegt nun aber gerade an Kathode und Gitter der folgenden Röhre. Wir sahen, daß schon ein Widerstand von 10 Megohm eine starke Abflachung der Resonanzkurve im Gefolge hat, unter diesen Wert darf daher der Widerstand keinesfalls sinken. Deshalb müssen die Klemmen eine gehörige Entfernung voneinander haben und müssen auf einem Isoliermaterial angebracht sein, dessen Oberflächenwiderstand nahezu unendlich groß ist. Dazu eignet sich am besten Hartgummi oder Pertinax bester Herstellung, Fiber ist weniger gut. Im Notfalle ist auch gut getrocknetes und in Paraffin gekochtes Holz zu gebrauchen, zu empfehlen aber ist vor allem Hartgummi. Alle synthetischen Preßmaterialien sind dagegen ausgeschlossen, mögen sie auch für andere Zwecke noch so gut geeignet sein. Es ist bei käuflichen

Einstecktransformatoren auf diesen Punkt besonderes Gewicht zu legen, denn die im Handel erhältlichen Sockel entsprechen oft nicht einmal sehr bescheidenen Ansprüchen.

Die Kapazität zwischen den Klemmen soll ebenfalls sehr gering sein, um dielektrische Verschiebungsströme auszuschließen und eine kapazitive Belastung des Transformators auf der Sekundärseite zu verhindern. Auch aus diesem Grunde kommt man zur Wahl eines hochwertigen Isoliermaterials und ausreichender Entfernung zwischen den Klemmen. Neuerdings kommen Röhrensockel in den Handel, bei denen die Kapazität zwischen den Klemmen künstlich fast bis auf Null gebracht worden ist, solche Sockel sind auch für Einsteck-Hochfrequenztransformatoren ganz besonders zu empfehlen.

B. Die Schaltungen der Hochfrequenzverstärker.

1. Einfache Verstärkung.

Der Empfang auf große Entfernung ist untrennbar verbunden mit einer wirksamen Hochfrequenzverstärkung. Wie schon in der Einleitung erwähnt wurde, wirkt die Hochfrequenzverstärkung quadratisch, während die Niederfrequenzverstärkung linear wirkt, d. h. ein Hochfrequenzverstärker der Verstärkungsziffer n wirkt ebenso stark, wie ein Niederfrequenzverstärker der Verstärkungsziffer n^2. In dem gewöhnlichen deutschen Vierröhrenapparat mit einer Röhre Hochfrequenzverstärkung, einer Audionröhre und zweifacher Niederfrequenzverstärkung wirkt also die eine Hochfrequenzröhre ebenso wie die zwei Niederfrequenzröhren, daher die starke Wirkung der Hochfrequenzverstärkung. Die Hochfrequenzverstärkung ist im allgemeinen eine ganz einfache Sache, wenn man sich mit einer Röhre begnügt. Erst die Hinzufügung weiterer Stufen bringt Schwierigkeiten, die schließlich zu Erscheinungen führen, die überhaupt jede Verstärkung aufheben. Diese Erscheinungen sind in der Hauptsache solche des Selbstschwingens. Ein Hochfrequenzverstärker mit mehreren Stufen und abgestimmten Zwischenkreisen (oder Transformatoren) ist ein äußerst schwierig zu handhabendes Gerät, das erst durch besondere Kunstschaltungen brauchbar gemacht werden muß.

Der Gebrauch solcher abgestimmten Kreise ist nun aber nahezu unvermeidlich. Denn eine wirklich ausgiebige Verstärkung

Einfache Verstärkung. 79

einfallender Schwingungen ist nur mit ihrer Hilfe möglich, wie wir im vorigen Abschnitte sahen, unter Umständen ist sonst überhaupt keine Verstärkung zu erreichen. Man kann zwar auch aperiodische Transformatoren, Drosselspulen oder Widerstände verwenden, aber die Empfindlichkeit ist gering und mit vielen Röhren erreicht man nur dieselbe Wirkung, die wenige ergeben, die durch abgestimmte Kreise gekoppelt sind. Namentlich bei den kurzen Wellen des Rundfunks ist der Erfolg äußerst gering. Bei den langen Wellen der drahtlosen Telegraphie hingegen kann man auch mit aperiodischen Transformatoren oder Widerstandskopplung ausgezeichnete Ergebnisse erzielen. In jedem Falle ist die Stabilität eines solchen Systems sehr groß, eine Schwingungsneigung ist nicht vorhanden.

Die einfachste Form eines Hochfrequenzverstärkers ist in Abb. 63 dargestellt. Es kann ein selbständiger Verstärker, es kann auch ein Teilglied eines mehrstufigen Empfängers sein. Im ersteren Falle wäre L_1 die Antennenspule oder mit ihr gekoppelt, im zweiten Falle läge die Spule unmittelbar oder durch magnetische Kopplung im Anodenkreise einer vorhergehenden Röhre.

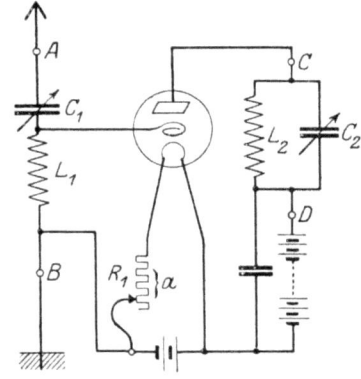

Abb. 63. Hochfrequenzverstärker.

Das Prinzip ist jedenfalls das, daß auf der einen (linken, Eingangs-) Seite ein abgestimmter Kreis zwischen Gitter und Kathode, auf der anderen (rechten, Ausgangs-) Seite ein gleicher Kreis zwischen Anode und Kathode liegt. Das Gitter liegt (über die Spule L_1) am negativen Pole der Batterie, es ist also um den Spannungsabfall, der in dem — eingeschalteten — Abschnitte a des Heizwiderstandes stattfindet, negativer als das äußerste, negative Ende des Heizfadens. Das hat, wie wir schon aus dem Abschnitte über die Röhre wissen, den Zweck, die Elektronen vom Gitter fernzuhalten und die Entstehung eines Gitterstromes zu verhindern. Dieser würde eine starke zusätzliche Dämpfung zur Folge haben und so den an der Kapazität Gitter—Kathode sich ausbildenden Potentialunterschied herabsetzen. Das würde aber die Verstärkungsziffer entsprechend vermindern. Wie wir später sehen werdenn, kann man auch absichtlich einen Gitterstrom erzeugen, um Dämpfung zu erzielen, wenn nämlich das Gerät Schwingungsneigung hat. Bei einstufigen Verstärkern ist diese indessen gewöhnlich nicht vorhanden.

Außer den gezeichneten Einzelteilen kann man noch einen Blockkondensator verwenden, um die Anodenbatterie zu überbrücken, d. h. jede seiner Seiten mit einem Batteriepol zu verbinden. Das öffnet der Hochfrequenz einen Seitenweg; wenn die Batterie älter wird und ihr innerer Widerstand wächst, könnte sonst der daran sich ausbildende Hochfrequenzspannungsabfall Anlaß zu unerwünschten Rückkopplungen und Eigenschwingungen geben. Einige 1000 cm sind hierfür bei kurzen Wellen ausreichend. Unbedingt notwendig ist dieser Kondensator aber nicht.

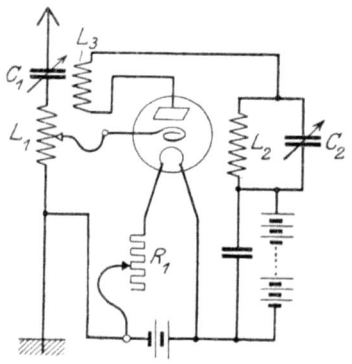

Abb. 64. Hochfrequenzverstärker mit Rückkopplung.

Eine ähnliche, nicht mehr ganz so einfache Form eines einstufigen Hochfrequenzverstärkers zeigt die Abb. 64, in der außer den in der vorigen Abbildung enthaltenen Einzelteilen noch eine Rückkopplungsspule L_3 vorhanden ist. Diese liegt im Anodenkreise der Verstärkerröhre und führt also bereits den verstärkten Strom. Zweckmäßigerweise gibt man ihr weniger Windungen als der Antennenspule L_1, wodurch die Wirkung erhöht wird.

Die gleiche Bauart wie Abb. 64 weist der Hochfrequenzverstärker Abb. 65 auf, der die Schaltung des von Telefunken gebauten, einstufigen Hochfrequenzverstärkers Telefunkon K zeigt. Hier fehlt nur der abgestimmte Kreis im Anodenkreise, der in einem zweiten, selbständigen Geräte, dem Audion, enthalten ist. Der Hochfrequenzverstärker ist zwar als selbständiges Gerät einzeln käuflich, aber nur in Verbindung mit diesem Audion zu brauchen. Mit einem Audion anderer Herkunft kann man ihn nicht ohne weiteres zusammenschalten. Eine Besonderheit ist die zwischen A und B liegende Spule L_4, die nur wenig Windungen hat und daher eine

Einfache Verstärkung. 81

kleine Selbstinduktion besitzt. Sie liegt in der Antenne und durch sie ist der abgestimmte Kreis $L_1 C_1$ mit der Antenne gekoppelt. Infolge der kleinen Selbstinduktion ist die Kopplung ziemlich lose; dadurch ergibt sich gute Selektivität und Freiheit von Kopplungswellen. Nebenbei dient diese lose Kopplung dazu, den Wellenbereich der postalischen Vorschrift entsprechend zu begrenzen. Dem sonstigen Gebrauche entgegen liegt hier der positive Pol der Heizbatterie an Erde. Interessant ist die Konstruktion der Rückkopplung. Diese Spule L_3 ist beweglich und mit dem Drehkondensator C_1 mechanisch gekuppelt. Es wird so jedesmal zwangsläufig eine der gerade eingestellten Wellenlänge entsprechend günstigste Rückkopplung erzielt. So interessant die Konstruktion auch ist und so nützlich sie dem Unerfahrenen sein mag, dem geübten Liebhaber bedeutet sie doch eine unerträgliche Einschränkung seiner persönlichen Freiheit. Außerdem muß die so eingestellte Rückkopplung naturgemäß verhältnismäßig lose sein. Denn da die Schwingungseigenschaften jeder Röhre andere sind, diese Konstruktion aber verhindern soll, daß Schwingungen erzeugt und ausgestrahlt werden, muß die Rückkopplung mit Vorsicht gewählt werden, man kann daher nicht die größte Empfindlichkeit erzielen.

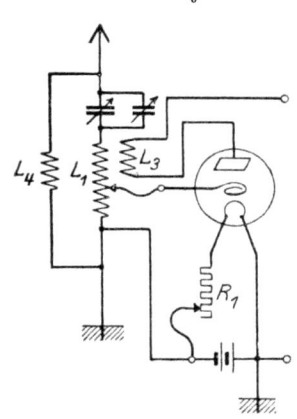

Abb. 65. Hochfrequenzverstärker von Telefunken Mod. K.

Wir wenden uns wieder der Betrachtung der einfachen Schaltung ohne Rückkopplung Abb. 63 zu. Hier wird die unverstärkte Energie den Klemmen AB zugeführt, die verstärkte an den Klemmen CD abgenommen. Das Verhältnis dieser Energien ist es, was für uns besonderes Interesse hat, dieses Verhältnis heißt die Leistungsverstärkung. Man kann an deren Stelle auch die Spannungen zwischen den Klemmen oder die in einem eingeschalteten Widerstande fließenden Ströme betrachten, dadurch erhalten wir die lineare Verstärkungsziffer, die nahezu gleich der Wurzel aus jener ist.

Man findet nun, daß, wenn die beiden Kreise $L_1 C_1$ und $L_2 C_2$

Hamm, Hochfrequenzverstärker. 6

auf dieselbe Welle abgestimmt sind und nicht gerade einer von ihnen stark gedämpft ist, die ganze Anordnung eine erhebliche Neigung zum Schwingen hat. Bei einem Einröhrenverstärker ist diese Neigung noch nicht so stark, daß sie sich unter allen Umständen durchsetzt, immerhin ist sie stark genug um, wenn die Dämpfung gering gemacht wird — Rückkopplung! — zu Schwingungen zu führen. Eine bekannte Telephoniesenderschaltung, die Huth-Kühn-Schaltung, beruht gerade auf dieser Schwingungsneigung. Tritt aber das Selbstschwingen ein, so hört natürlich jede Verstärkerwirkung sofort auf. Die Ursache dieser Schwingungsneigung sind innere Rückkopplungen in der Röhre. Unter Rückkopplung versteht man bekanntlich eine Schaltung, bei der die verstärkte Energie zum Teil dem Eingangskreise wieder zugeführt wird, wodurch die in diesem enthaltene, natürliche Dämpfung mehr oder weniger beseitigt wird. Sobald sie ganz beseitigt wird, kann das System Eigenschwingungen ausführen. Hier wird nun die Energie des Ausgangskreises $L_2 C_2$ zu einem Teil dem Eingangskreise $L_1 C_1$ wieder zugeführt und entdämpft diesen. Den dann entstehenden Schwingungen vorzubeugen, gibt es verschiedene Mittel, unter denen die wichtigsten sind:

a) Künstliche Dämpfung des Eingangskreises.

b) Einführung einer Gegenkopplung. die der Schwingungsneigung entgegen wirkt.

c) Verhinderung der Rückführung von Energie aus dem Ausgangskreise in den Eingangskreis.

2. Kapazitive und induktive Kopplung.

a) **Kapazitive Kopplung.** Auf zwei verschiedene Arten kann die verstärkte Energie in den Eingangskreis zurückgelangen, demgemäß unterscheidet man kapazitive und induktive Kopplung. Die kapazitive ist die amhäufigsten vorkommende und gefährlichste. Wie leicht eine solche zur Selbsterregung von Schwingungen führt, beweist folgende, von Barkhausen aufgestellte Rechnung:

Selbsterregung kann bei einer Röhre schon sehr leicht eintreten, wenn der Rückkopplungswiderstand gleich dem wirksamen Gitterwiderstand ist, also wenn z. B. bei Tonfrequenz die Rückkopplungskapazität gleich ungefähr 50 cm ist. Wird die Spannung, etwa durch 3 Röhren, 1000fach verstärkt, so genügt schon eine 1000mal so kleine Kapazität, d. h. eine solche von $^1/_2$ mm, entsprechend einer Kugel von 1 mm Durchmesser, um die gleiche Wirkung herbeizuführen. Es kann dann also schon ein mit dem Gitter der ersten Röhre verbundenes Leiterstückchen von der Größe eines Stecknadelkopfes zur Selbsterregung Anlaß geben, wenn es nicht gegen die verstärkte Spannung elektrostatisch abgeschirmt ist. Ein elektrostatischer Schutz wird am wirksamsten durch Einschließen mit Leitern erzielt, die selbst nicht imstande sind, eine Wechselspannung anzunehmen, weil sie z. B. geerdet sind.

Die kapazitive Kopplung kann auf sehr verschiedenen Wegen herbeigeführt werden. Z. B. ist sehr leicht eine solche zwischen den Spulen des Anoden- und des Gitterkreises möglich, falls die Entfernung zwischen beiden nicht genügend groß ist. Auch eine Kopplung zwischen den Spulen verschiedener Stufen ist nicht selten. Endlich kann bei reichlicher Verstärkung eine Kopplung zwischen den Eingangs- und Ausgangsleitungen sehr leicht stattfinden, da, wie obenstehende Rechnung zeigt, bei größerer Verstärkung schon ganz minimale Kapazitäten dazu genügen. Die gewöhnlichste, fast unvermeidbarste und am schwersten zu bekämpfende Kopplung ist die innere Kopplung in der Röhre selbst.

Die Abb. 66 zeigt in großem Maßstabe eine Röhre mit Anode A, Gitter G und Kathode K. Jede dieser Elektroden hat gegen die andere eine gewisse, sehr kleine, aber meßbare Kapazität, die, wie wir schon früher sahen, zu inneren Rückkopplungen Anlaß geben kann. In dieser Zeichnung sind diese inneren Kapazitäten durch gestrichelt gezeichnete Kondensatoren angedeutet. Durch die Kapazität C_{ag} werden normalerweise die Schwingungskreise $L_1 C_1$ und $L_2 C_2$ miteinander gekoppelt, wie aus dem Schaltbilde Abb. 67 zu erkennen ist. Dieser Zustand ist in diesem vereinfachten Schaltbilde durch den Kondensator C_3 dargestellt.

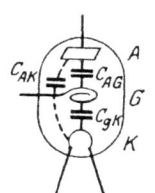

Abb. 66. Innere Röhrenkapazitäten.

Während einerseits die beiden Schwingungskreise durch die Batterien und ihre Verbindungsleitungen verbunden sind, sind sie es andererseits durch C_3. Wir können, da Widerstand und Selbstinduktion der Batterien zu vernachlässigen sind, an ihre Stelle auch eine ein-

6*

fache, durchgehende Leitung setzen, so kommen wir zu dem noch weiter vereinfachten Schaltbilde Abb. 68. Dieses zeigt klar die Verbindung beider Kreise. Da die Schwingungsenergie in II viel stärker ist als in I, so wird ein Teil davon durch C_3 in diesen Kreis zurückgeführt und ersetzt hier den durch die Dämpfung entstehenden Verlust, so daß die Schwingung dadurch aufrecht erhalten wird. Der Kreis $L_1 C_1$ bekommt hierdurch die Eigenschaft eines Stromkreises, in dem kein Widerstand vorhanden ist, in dem daher ein einmal angeregter Strom ununterbrochen weiter fließt, genau so wie eine Bewegung eines Körpers nie aufhört, wenn sie keinen (Reibungs-)Widerständen begegnet. Unter Umständen kann die in I zurückgeführte Energie sogar größer sein als die entstehenden Verluste, so daß die Schwingungsamplitude zunimmt, man nennt diesen Zustand den eines „negativen Widerstandes", weil die Wirkung die entgegengesetzte von der ist, die ein gewöhnlicher

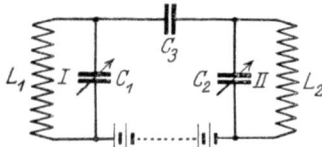

Abb. 67. Innere kapazitive Rückkopplung (schematisch).

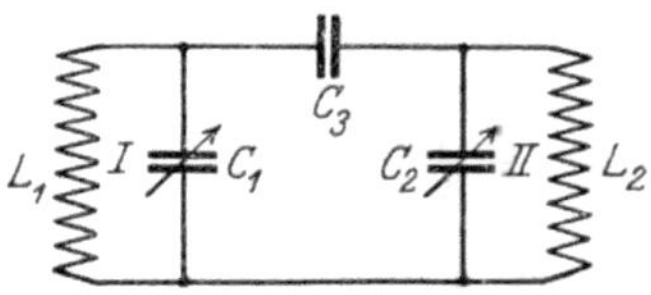

Abb. 68. Innere kapazitive Rückkopplung (vereinfacht).

Widerstand hervorruft. Voraussetzung einer solchen Wirkung ist natürlich, daß die zurückgeführte Energie auch mit richtiger Phase eingeführt wird, so daß sie die in I vorhandenen Schwingungen unterstützt und ihnen nicht etwa entgegenwirkt. Man kann sich diese Verhältnisse am leichtesten am Beispiele des Pendels klarmachen. Wie dieses zwischen dem Ausschlag zur linken und dem zur rechten hin und her pendelt, so der Wechselsstrom zwischen positiven und negativen Ausschlägen. Gibt man dem Pendel, wenn es durch die Nullage nach links hinübergehen will, einen Stoß nach links, so wird sein Ausschlag vergrößert, gibt man ihm aber in dem Augenblicke einen Stoß nach rechts, so wird er verkleinert. Dieselbe Wirkung hat die Zuführung eines Wechselstromes in einen schon von Wechselstrom durchflossenen Kreis. Sind beide in gleicher Phase, d. h. fallen die positiven und die negativen Ausschläge des einen mit denen des anderen zusammen,

Kapazitive und induktive Kopplung. 85

so ist die Wirkung ein summierter Wechselstrom, der nun größere Amplitude hat als jeder der Einzelströme. Sind die Phasen aber entgegengerichtet, so subtrahieren sich die Amplituden und es entsteht ein verkleinerter Wechselstrom. Beim Röhrensender muß es das Bestreben sein, die Phase der Rückkopplung so zu wählen, daß sie den vorhandenen Strom unterstützt, beim Empfänger muß sie ihm entgegengerichtet sein.

Neben der inneren Röhrenkapazität können noch zahlreiche andere Kapazitäten zu ungewollten Rückkopplungen führen. Einige sind schon erwähnt worden, z. B. die gegenseitige Kapazität zu nahe beieinander stehender Spulen verschiedener Kreise. Auch bei an sich größerer Entfernung ist eine derartige Kopplung noch möglich, wenn beide Spulen z. B. eine beträchtliche Erdkapazität haben, die in diesem Falle die Kopplung vermittelt. Diese Wirkung wird noch verstärkt, wenn beide beträchtliche Kapazität gegen ein und denselben Körper haben, z. B. einen Draht der Heizleitung. Aus diesem Grunde muß man in einem Hochfrequenzverstärker alle Drähte in möglichst großer Entfernung voneinander führen.

Eine kapazitive Kopplung kann auch durch etwa vorhandene Hochfrequenztransformatoren herbeigeführt werden. Die Spule des Gitterkreises und die Sekundärspule des Anodenkreises liegen an demselben Pole der Heizbatterie. Die gegenseitige Kapazität beider Spulen des Tranformators kann dann leicht zur kapazitiven Kopplung führen. Diese Kopplung kann leichtlich weit fester sein als die innerhalb der Röhre erzielte. Schon deshalb empfiehlt es sich, die beiden Spulen möglichst kapazitätsfrei zu wickeln und sie so lose zu koppeln, als zulässig ist.

Auch zu nahe aneinander stehende Kondensatoren können zu ungewollten Kopplungen Anlaß geben. Wenn in Abb. 63 C_1 und C_2 zu nahe aneinander aufgestellt werden, so greifen die elektrischen Feldlinien, die an sich stark „streuen", von einem auf den anderen Kondensator über, so daß die beiden kapazitiv gekoppelt sind. Damit sind dann Gitter- und Anodenkreis miteinander gekoppelt, zusätzlich zu der bereits in der Röhre vollzogenen Kopplung.

b) **Induktive Kopplung.** Zu nahe beieinander aufgestellte und einander parallel angeordnete Spulen führen zu induktiver Kopplung. Es ist immer zu berücksichtigen, daß die induktive Wirkung sich um so weiter erstreckt, je höher die Frequenz ist. Beim Empfang der kurzen Rundfunkwellen ist daher besondere Vorsicht geboten. Es gilt als Regel, daß senkrecht zueinander stehende Spulen (bei genügender Entfernung!!) sich nicht koppeln. Doch ist bei den Honigwabenspulen zu berücksichtigen, daß eine gegenseitig senkrechte Stellung der Spulenebenen nichts besagt, da die einzelnen Windungen nicht in der Spulenebene liegen, sondern mit ihr einen spitzen Winkel bilden und daher mit den Windungen einer anderen Spule koppeln können.

Ferner können Leitungen eine induktive Kopplung ergeben, namentlich wenn ein Leitungspaar eine Schleife von größerer Fläche bildet. Daher die Regel: Hin- und Rückleitung in kurzer Entfernung voneinander führen.

c) **Kopplung durch nicht kapazitätsfreie Spulen.** Falls im Anodenkreise nur eine sog. aperiodische Spule, aber kein Drehkondensator vorhanden ist, kann unter Umständen doch Selbsterregung und Schwingen stattfinden. Jede Spule, auch die sog. kapazitätsfreie, hat eine gewisse Eigenkapazität, die bei guten Spulen allerdings nur wenige Zentimeter betragen wird.

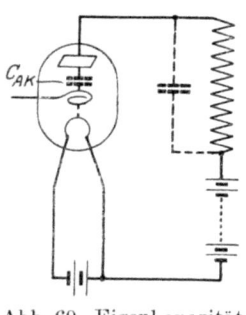

Abb. 69. Eigenkapazität einer Spule.

Sie liegt, wie Abb. 69 (gestrichelt) zeigt, parallel zur inneren Röhrenkapazität C_{AK}, ebenso wie zur Induktivität der Spule. Mit dieser zusammen ergeben diese Kapazitäten eine Eigenwelle, die die Eigenschwingung der Spule darstellt und wegen der sehr geringen Kapazität meistens sehr kurze Länge hat. Beispielsweise hat eine Spule von 400000 cm Induktivität und 10 cm Eigenkapazität eine Eigenwelle von 126 m, die normalerweise nicht vorkommt. Steigt aber die Eigenkapazität wesentlich, wie es bei schlechten Spulen vorkommen kann, so wächst auch die Eigenwelle der Spule. Falls nun gerade der Gitterkreis auf diese Welle abgestimmt wird, ist wieder die Möglichkeit der Selbsterregung gegeben. Auf derartige Verhältnisse kann man dann schließen, wenn mit einer Spule von bestimmter Windungszahl kein stabiler Zustand erreicht werden kann, während Spulen von größerer oder geringerer Windungszahl ohne weiteres Stabilität ergeben. Vermutet man einen solchen Zustand, so wechselt man die Spule und erkennt sofort, was los ist. Dieser Fall wird wichtig bei Kopplung der verschiedenen Stufen eines Mehrfach-Hochfrequenzverstärkers durch Transformatoren mit abgestimmtem Sekundärkreis. Im Anodenkreise liegt dann nur die Primärspule, die mit der durch einen Kondensator abgestimmten Sekundärspule gekoppelt ist. Bei loser Kopplung ist die Rückwirkung der Sekundärspule gering und es kommt dann allein die primäre Spule mit ihren besonderen Eigenschaften zur Geltung. Hat sie eine große Windungszahl, so ist auch die Eigenkapazität beträchtlich und die Eigenwelle kann sehr gut in den Bereich der Rundfunkwellen hineinfallen. Besonders groß ist die Gefahr der Selbsterregung natürlich dann, wenn zufällig auch noch der Sekundärkreis des Transformators auf dieselbe Welle abgestimmt wird.

Die Gefahr des Schwingens wird naturgemäß immer um so größer, je fester die Kopplung beider Spulen gemacht wird. Andererseits nimmt dabei auch die Lautstärke beträchtlich zu, so daß der Gebraucher geneigt sein wird, die Kopplung recht fest zu nehmen. Dagegen wird man finden, daß bei loser Kopplung die Lautstärke an einem Punkte einen größten Wert erreicht, zu dessen beiden Seiten sie abnimmt. Dieser Umstand gibt ein Mittel an die Hand, lose Kopplung und Schwingungsfreiheit mit guter Lautstärke zu vereinigen.

3. Die Mittel zur Bekämpfung der Schwingungsneigung.

Die Neigung zum Selbstschwingen ist die ärgste Störung der Hochfrequenzverstärkung, die den Verstärker meistens vollkommen unbrauchbbar macht. Deshalb muß er von vornherein so entworfen werden, daß er nicht schwingen kann. Die dazu gegebenen Mittel sind bereits auf S. 82 erwähnt. Schwingt er trotzdem — ein Fehlentwurf ist gerade auf dem Gebiete der Hochfrequenz viel eher verzeihlich als auf anderen Gebieten der Elektrotechnik — so muß man, um ihn brauchbar zu machen, eine Dämpfung künstlich einführen, die das Schwingen verhindert. Das läuft fast immer auf Energieverluste und verringerte Verstärkung hinaus.

a) **Dämpfung durch fest gekoppelte Antenne.** Die einfachste und sehr wirksame Art einer zusätzlichen Dämpfung zeigt das Schaltbild Abb. 70. Hier ist der Gitterkreis zugleich Bestandteil des Antennenkreises geworden, sog. direkte Kopplung. Dies bedeutet eine schwere Belastung für die Röhre, denn wenn sie schwingen will, so muß sie den ganzen Antennenkreis mit in Schwingungen versetzen. Die Ladung, die die recht erhebliche Kapazität der Antenne aufzunehmen vermag, ist aber nicht klein, sie müßte von der Röhre erzeugt werden. Je fester daher die Kopplung mit dem Antennenkreise, um so größer die Dämpfung. Auch mit der Größe der Antenne wächst die Dämp-

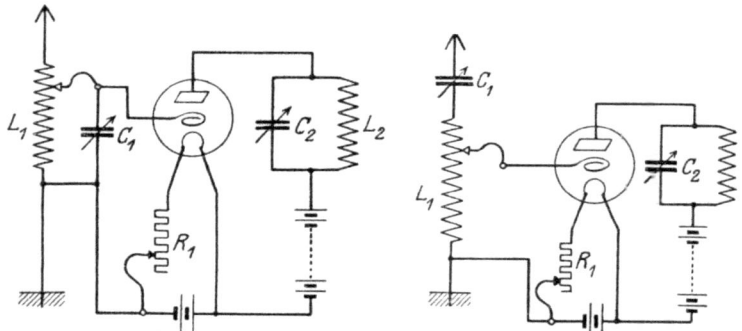

Abb. 70. Schwingungsdämpfung durch fest gekoppelte Antenne.

Abb. 71. Schwingungsdämpfung durch lose gekoppelte Antenne.

fung, während sie der Größe des Kondensators C_1 umgekehrt proportional ist.

Einen geringeren Grad der Dämpfung bedingt die meist übliche Art der Antennenabstimmung, sog. Kurzwellenschaltung, wobei Antennenspule und Kondensator in Reihe liegen, vgl. Abb. 71. Wie bereits oben erläutert wurde, ist hierbei die resultierende Kapazität viel geringer als in Schaltung lang, demgemäß auch die in Schwingungen zu versetzende Ladung. Daraus folgt dann eine geringere Dämpfung und größere Schwingungsneigung. Je größer der Kondensator und je kleiner die Spule, um so loser ist die Kopplung der Röhre mit der Antenne, um so größer die Schwinnungsneigung. Wenn eine genügend kräftige Rückkopplung nicht zu erzielen ist, erweist sich daher diese Schaltung zuweilen als nützlich.

Die Mittel zur Bekämpfung der Schwingungsneigung. 89

Eine noch losere Kopplung bei noch immer ausreichender Dämpfung gibt die Einschaltung eines Blockkondensators von ca. 100 cm in die Antenne. Hierdurch wird auch der Primärkreis des Empfängers unabhängig von den Konstanten des Luftleiters, was die Selektivität verbessert und die Erlangung ausreichender Rückkopplung erleichtert. Doch bedeutet das bei mehrstufigen Verstärkern eher einen Nachteil, da natürlich auch die ungewollten Rückkopplungen leichter einsetzen.

Wenn man die Kopplung zwischen Luftleiter und Gitterkreis veränderlich macht, ergibt sich die Schaltung Abb. 72. Hier hängt dann die Größe der Schwingungsneigung ganz von der Kopplung zwischen L_1 und L_2 ab. Ist sie fest, so ist die vom Gitterkreis in Schwingungen zu versetzende Ladung groß, demgemäß auch der Grad der Dämpfung. Je loser sie gemacht wird, um so geringer wird die Dämpfung, um so größer die Schwingungsneigung der Röhre. Die gleiche Wirkung wie eine lose Kopplung hat

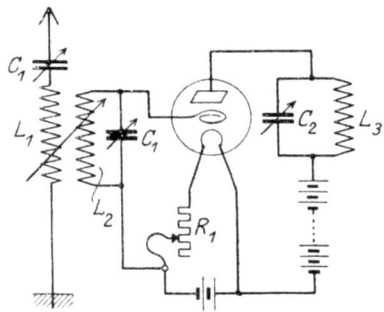

Abb. 72. Schwingungsdämpfung durch veränderlich gekoppelte Antenne.

übrigens auch eine Verstimmung des Antennenkreises, der dem Gitterkreise um so weniger Energie entzieht, ihn also um so weniger dämpft, je mehr er gegen ihn verstimmt ist. Daher bietet diese Schaltung zweimal die Möglichkeit, bis an die Grenze des Einsetzens von Schwingungen zu gehen und so die höchste mögliche Verstärkung zu erzielen. Freilich wird sie diese Vorzüge nur in geübter Hand entfalten, während der Ungeübte aus dem Selbstschwingen nicht herauskommen wird. Dieser tut im allgemeinen am besten, bei der Schaltung Abb. 70 zu bleiben.

b) Dämpfung durch Positives Gitterpotential. Eine recht einfache und dabei wirksame Art, das Selbstschwingen zu verhüten, ist die Einführung eines positiven Gitterpotentials. Die zugrunde liegende Tatsache ist die dämpfende Wirkung, die ein Gitterstrom hat. Im Kapitel über die Röhre hatten wir gesehen, daß man dem Gitter ein negatives Potential geben muß, um ihm die Aufnahme von Elektronen unmöglich zu machen und das Fließen eines Gitterstromes zu verhindern. Jetzt gehen wir den umgekehrten Weg, wir geben dem Gitter ein positives Potential, um den Gitterstrom mit seiner dämpfenden Wirkung zu erzwingen. Wird der Gitterstrom nur groß genug, so kann das Entstehen von Schwingungen vollkommen verhindert werden. Die einfachste Art, das zu erreichen, zeigt das Schaltbild Abb. 73. Ein Widerstand von 400 bis 500 Ω, ein

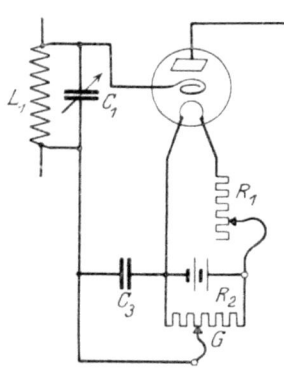

Abb. 73. Schwingungsdämpfung durch positive Gittervorspannung.

sog. Spannnungsteiler oder Potentiometer, überbrückt die Heizbatterie. Auf ihm ist der Gleitkontakt G, der mit dem Gitter (über L_1) verbunden ist, verschiebbar. Der Kondensator C_3 von einigen 1000 cm überbrückt den Widerstand für die Hochfrequenzströme. Wenn G in der äußersten Stellung links ist, so hat das Gitter dasselbe Potential wie das negative Heizfadenende. Es ist so mit dem negativen Pol der Batterie unmittelbar verbunden und daher negativer als alle anderen Punkte des Heizfadens. Verschiebt man G nach rechts, so sinkt das negative Potential des Gitters, d. h. gegen das Heizfadenende wird es bereits positiv, dann gegen immer weiter nach rechts liegende Punkte des Heizfadens. In der äußersten Stellung rechts von G hat das Gitter sogar gegen das positive Heizfadenende positives Potential, da es unmittelbar am positiven Pole der Batterie liegt, während zwischen diesem und dem Heizfaden noch der Spannungsabfall des Heizwiderstandes R_1 liegt. Der Gitterstrom und mit ihm die dämpfende Wirkung hängt daher ganz von der Stellung von G ab und ist leicht zu regulieren.

Zu beachten ist hierbei, daß zweckmäßigerweise der Heizwiderstand in der positiven Batterieleitung liegt, was man sonst vermeidet. Würde er, wie gewöhnlich, in der negativen Leitung liegen, so würde man niemals das Gitter gegen das positive Ende des Heizfadens positiv machen können, sondern würde es höchstens auf das gleiche Potential bringen. Es ist

Die Mittel zur Bekämpfung der Schwingungsneigung. 91

nicht gesagt, daß das auch notwendig ist, es muß ausprobiert werden.

c) **Dämpfung durch zusätzliche Widerstände.** Eine ausreichende Dämpfung kann man auch erzielen, wenn man den Ohmschen Widerstand der Schaltung künstlich vergrößert.

Um einen Ohmschen Widerstand wirksam einzuschalten, so daß er die Schwingungsneigung wirklich unterdrückt, gibt es verschiedene Möglichkeiten. Abb. 74 zeigt die Einschal-

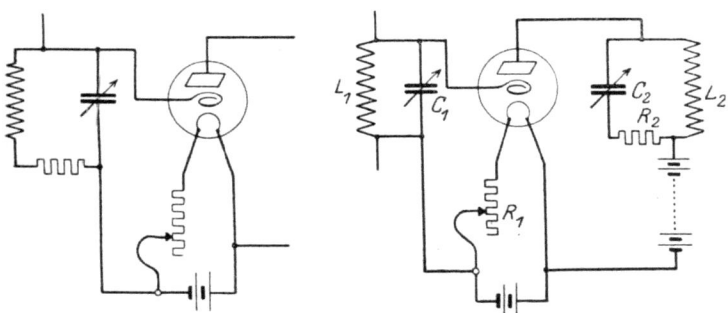

Abb. 74. Schwingungsdämpfung durch Widerstand im Antennenkreise.

Abb. 75. Schwingungsdämpfung durch Widerstand im Anodenkreise.

tung in den Gitterkreis der ersten Röhre. Der Wert dieses Widerstandes soll etwa 20 bis 50 Ω betragen, der günstigste Wert ist auszuprobieren. Er hängt von verschiedenen Umständen ab, wie der Verstärkungsziffer der Röhre, den Konstanten des Schwingungskreises und der natürlichen Kopplung zwischen Anoden- und Gitterkreis. Man nimmt zweckmäßigerweise einen veränderlichen Widerstand, der natürlich induktions- und kapazitätsfrei sein muß.

Ebensogut wie in den Gitterkreis, kann man den Widerstand auch in den Anodenkreis einschalten. Diese Schaltung zeigt Abb. 75. Auch ist natürlich eine Kombination beider Verfahren möglich. Statt den Widerstand in den Anoden- oder Gitterkreis zu legen, kann man ihn aber auch einem der beiden Kreise parallel schalten, wie das Abb. 76 für den Gitterkreis zeigt. Scott-Taggart bevorzugt diese Schaltung, weil sie keine Gittergleichströme erzeugt, die Verzerrungen hervorrufen. In diesem Falle muß der

Widerstand einen Ohmbetrag von rd. 100000 haben, auch hier ist es wünschenswert, einen veränderlichen Widerstand zum Ausprobieren des günstigsten Wertes zu nehmen. Ganz analog ist die Einschaltung parallel zum Anodenkreise.

Endlich ist es auch noch möglich, den Widerstand in die Verbindungsleitung des Gitterkreises zur Kathode zu legen, wobei er den gleichen Wert haben muß, wie beim Einschalten in den Gitterkreis selbst und auch die gleiche Wirkung hat.

Die sämtlichen in diesem Abschnitte geschilderten Verfahren haben etwas Mißliches. Die Einführung eines positiven Gitterpotentials ist im allgemeinen sicher nicht zu empfehlen, da der entstehende Gitterstrom, wie wir früher sahen, unter Umständen jede Verstärkung unmöglich macht. Wir hatten ja gefunden, daß namentlich beim Empfange kurzer Wellen ein außerordentlich hoher Gitterwiderstand für eine ausgiebige Verstärkung unentbehrlich ist, die Einführung eines positiven Gitterpotentials und damit eines Gitterstromes bedeutet aber gerade das Gegenteil, zudem ist es eine in wirtschaftlicher Hinsicht sehr wenig günstige Schaltung. Sie kann somit nur als eine Möglichkeit, das Selbstschwingen zu verhindern, genannt werden, unter Umständen als ein Notbehelf, um einen Verstärker, der nicht zu stabilisieren ist, klein zu kriegen, aber niemals sollte man ein Gerät von vornherein so entwerfen. Auch rein gedanklich bedeutet eine derartige Schaltung einen Widersinn. Denn man sucht doch mit allen Mitteln der Technik die Dämpfung des Empfangsgerätes so klein als möglich zu halten, man führt eine Rückkopplung ein, um die Dämpfung ganz auf Null zu bringen, und dann sollte man künstlich wieder Dämpfung herbeiführen? Das wäre eine Bankrotterklärung. Solange also nicht alle anderen Möglichkeiten erschöpft sind, sollte man sich damit nicht befassen.

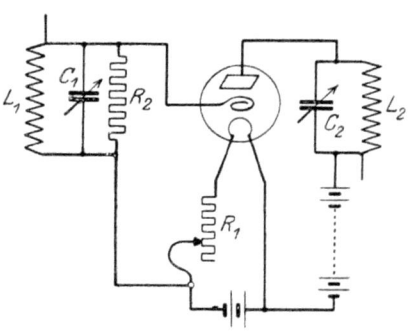

Abb. 76. Schwingungsdämpfung durch Widerstand parallel zum Antennenkreise.

Die Mittel zur Bekämpfung der Schwingungsneigung. 93

In dasselbe Kapitel gehört die Stabilisierung eines Hochfrequenzverstärkers durch Herabsetzung der Verstärkungsziffer. Man kann das erreichen, wenn man die Heizspannung oder die Anodenspannung verringert. Damit wird aber eben die Leistung des Gerätes verringert und man muß schließlich, will man die volle Leistung herausholen, eine Röhre hinzufügen. Also auch dies ist nur ein Notbehelf in unheilbaren Fällen, aber kein regelmäßiges Mittel.

d) Dämpfung durch Scheinwiderstand. Ein ähnliches Mittel, wie die oben besprochenen, aber in viel geringerem Grade unwirtschaftlich, ist die Einführung eines Scheinwiderstandes in den Anodenkreis. Denn hier durch wird wenigstens keine Energie verzehrt, wenngleich auch die Dämpfung erhöht wird. Ein solcher Scheinwiderstand wird durch eine Drosselspule mit oder ohne Eisenkern gebildet, der man einen Drehkondensator parallel schaltet. Je kleiner dieser ist, um so größer ist die Schwingungsneigung der Anordnung. Abb. 77 zeigt diese Schaltung.

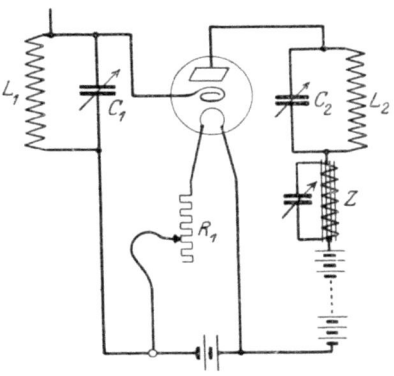

Abb. 77. Schwingungsdämpfung durch Scheinwiderstand im Anodenkreise.

e) Dämpfung durch negative Rückkopplung. Wir wenden uns nun den Maßnahmen zu, die durch geeignete Schaltung, ohne künstlich herbeigeführte Verluste, eine Verringerung der Schwingungsneigung zu erzielen suchen. Es ist selbstverständlich, daß solche Maßnahmen unbedingt den Vorzug verdienen, im Vergleich dazu erscheinen die soeben besprochenen Verfahren als primitiv und roh. Hier ist in erster Linie die Einführung einer der Schwingungsneigung entgegengerichteten Rückkopplung zu erwähnen, die gewissermaßen die Brücke zu den vorerwähnten Maßnahmen bildet, da sie nicht, wie die gewöhnliche Rückkopplung, die Dämpfung zu vermindern sucht, sondern sie erhöht, wenngleich ohne Energieverluste. Eine verhältnismäßig einfache Anordnung ist in Abb. 78 dargestellt. Hier wird durch eine im Anodenkreise liegende Spule auf die Antennenspule zurückgekoppelt, und zwar entgegengesetzt der dämpfungsvermindernden Richtung. Da man die richtige Lage der Verbindungen nicht vorausbestimmen kann, muß man sie ausprobieren, wozu sich am besten Spulenhalter eignen, die eine Umkehr der Induktion gestatten, ohne daß Leitungen ausgetauscht werden. Die Kopplung der Spulen L_1 und L_2 darf nur lose sein, denn sonst entsteht die Gefahr, daß man die richtige induktive Kopplung durch eine falsche kapazitive Kopplung gewissermaßen übertönt, was dann doch Schwingungen zur Folge hätte. Dies zeigt, daß eine Kopplung zweier abgestimmten Kreise nicht das richtige Mittel ist, die Schwingungsneigung zu unterdrücken, dagegen kann diese Schaltung bei aperiodischen Kreisen sehr wirkungsvoll sein.

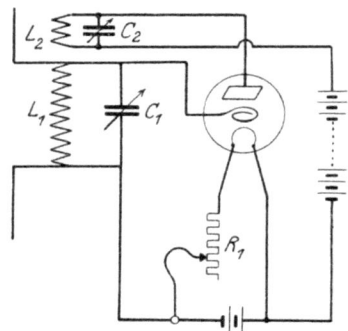

Abb. 78. Schwingungsdämpfung durch negative Rückkopplung mit Anodenspule.

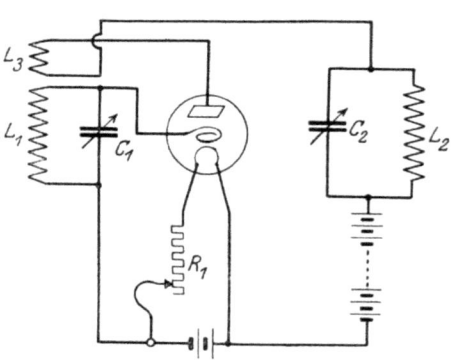

Abb. 79. Schwingungsdämpfung durch negative Rückkopplung mit Rückkopplungsspule.

In der Schaltung Abb. 78 bildete die Rückkopplungsspule einen Teil des Anodenschwingungskreises. Man kann sie aber auch mit ihm in Reihe schalten, wie das Abb. 79 zeigt. Im allgemeinen wird diese Schaltung mehr befriedigen als die vorherige, nur muß die Rückkopplungsspule klein sein.

Auch die Einführung der negativen Rückkopplung ist nur ein Hilfsmittel, das aus der Not geboren ist, es dient eigentlich dazu,

Die Mittel zur Bekämpfung der Schwingungsneigung.

den mangelhaften Entwurf eines Gerätes zu verschleiern. Daß solche Hilfsmittel noch in größerem Umfange angewendet werden, zeigt freilich, daß eine wirklich befriedigende Lösung des Problems der mehrfachen Hochfrequenzverstärkung bisher noch nicht gefunden worden ist. Man muß sich vorerst darauf beschränken, den Ursachen der Schwingungsneigung entgegenzuwirken und den dabei entstehenden Energieverlust in möglichst engen Grenzen zu halten suchen.

Da die Kapazität der Anode gegen das Gitter der hauptsächlichste Urheber der Schwingungsneigung ist, verwende man Röhren, bei denen sie möglichst klein ist. Mehr als die in der Röhre liegenden Teile tun aber meistens die Zuleitungen und der Sockel. Die gegenseitigen Entfernungen sollen bei ihnen allen möglichst groß sein. Von selbst versteht es sich, daß alle Zuleitungen nur so lang sind, als unbedingt notwendig ist.

f) Bekämpfung der induktiven Kopplung. Über die hauptsächlichsten Maßnahmen, die notwendig sind, um eine induktive Rückkopplung zwischen den einzelnen Stufen eines Mehrfachhochfrequenzverstärkers zu verhindern, ist bereits früher gesprochen worden. Hier sind lediglich die schaltungstechnischen Auswirkungen dieser Maßnahmen zu besprechen. Im allgemeinen wird der Bekämpfung der induktiven Kopplung nicht die Aufmerksamkeit zugewendet wie der der kapazitiven, weil sie seltener vorkommt und verhältnismäßig leicht zu vermeiden ist. Eine besonders wirksame Maßnahme zur Verhinderung induktiver Kopplung zwischen den Spulen der einzelnen Stufen hat Hazeltine in seinem später genauer zu besprechenden Neutrodyneempfänger getroffen. Er ordnet die Spulen unter einem Winkel von 60° gegen die Horizontale derartig an, daß ihre Felder sich nicht beeinflussen können. Abb. 80 zeigt diese Anordnung und ihre Wirkung. Über die kapazitive Gegenkopplung, die den Kern des Neutrodynegedankens bildet, wird weiterhin zu sprechen sein.

Ein ebenso wirksames Mittel ist das Einschließen der Spulen oder Transformatoren in Metallgehäuse. Es ist dabei darauf zu achten, daß die Spulen die metallenen Wände nicht berühren. Diese selbst können vorteilhaft geerdet werden.

Auch ohne die Spulen metallisch einzuschließen, kann man ihr äußeres Feld ganz erheblich verringern, indem man die zylindrisch gewickelte Spule zu einem geschlossenen oder nahezu geschlossenen Ringe — ähnlich einem Hufeisen — zusammenbiegt. Auch ein hölzerner Gardinenring tut hierzu gute Dienste, indem

Abb. 80. Neutrodynempfänger.

man ihn bewickelt und zwischen Anfang und Ende der Spule nur ein Stück von einigen Zentimetern frei läßt. Das magnetische Feld einer solchen Spule streut sehr wenig nach außen hin und schließt sich ganz eng um die Spule, so daß die Gefahr einer unerwünschten Kopplung sehr verringert wird.

Ganz interessant ist auch der Versuch, eine induktive Kopplung der Anoden- mit der Gitterspule dadurch zu verhindern, daß die Anodenspule in entgegengesetzt gewickelte Teile zerlegt wird. Die Kopplungswirkungen dieser Teile auf die Gitterspule heben sich dann auf. Eine solche Anordnung zeigt Abb. 81. Zu beachten ist hierbei, daß die Kopplung von L_1 und L_2 verhältnismäßig lose sein muß, damit sich die Selbstinduktion der beiden Spulenteile nicht gegenseitig aufhebt. Auch ist eine streng symmetrische Anordnung notwendig, um die gewünschte Wirkung zu erzielen.

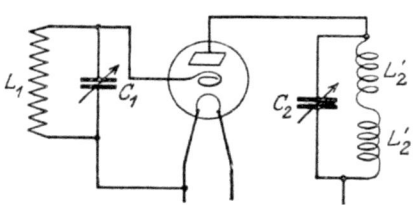

Abb. 81. Beseitigung der induktiven Rückkopplung durch zweiteilige Spule.

g) **Kompensation der inneren Röhrenkapazität.** Daß die innere Röhrenkapazität unter allen Störungsursachen eines Mehrfach-Hochfrequenzverstärkers die weitaus wichtigste ist, wurde schon mehrfach betont. Die früher beschriebenen Maß-

Die Mittel zur Bekämpfung der Schwingungsneigung. 97

nahmen richteten sich mehr oder weniger gegen die Wirkungen dieser Störungskapazität und waren daher ebenso zur Unvollkommenheit verurteilt, wie die ärztlichen Maßnahmen gegen die Wirkungen einer Krankheit, deren Entstehung man nicht kennt. Eine vollkommene Heilung der Krankheit des Hochfrequenzverstärkers ist daher nur dann zu erwarten, wenn es gelingt, die Störung im Keime zu ersticken. Das geschieht durch Kompensation dieser Kapazität, und das ist deshalb der wichtigste Punkt bei dem Entwurf eines Hochfrequenzverstärkers für kurze Wellen.

Die Kopplung zwischen Anode und Gitter hat für Spannungen, die von der Anode her übertragen werden, eine solche Richtung, daß sie die Schwingungsneigung verstärkt. Aus der Theorie der Röhrensender ist bekannt, daß die Schwingungserzeugung dann einsetzt, wenn am Gitter eine Wechselspannung anliegt, die gegen die an der Anode liegende Spannung um 180^0 versetzt ist, also gerade die entgegengesetzte Richtung hat. Das ist bei der kleinen Röhrenkapazität von selbst stets der Fall. Denn bei jedem Kondensator weisen die beiden Belegungen immer entgegengesetzte Ladungen auf, und zwar genau entgegengesetzte, eine dazwischen liegende Winkellage gibt es nicht. Um dieser Wirkung entgegen zu arbeiten, müssen wir deshalb dem Gitter eine Spannung erteilen, die die gleiche Lage hat wie die Spannung an der Anode, mit ihr also völlig gleichgerichtet ist. Eine unmittelbare Verbindung zwischen Gitter und Anode kann natürlich nicht in Frage kommen, weil das die Röhrenwirkung vollständig aufheben hieße. Auch würde, abgesehen davon, hierdurch gewissermaßen eine Überkopplung stattfinden, da die kleine Röhrenkapazität einen verhältnismäßig großen Widerstand darstellt, eine unmittelbare Verbindung aber widerstandslos ist. Wenn man mehr als die innere Röhrenkapazität ausgleicht, erzielt man die Wirkung einer umgekehrten Rückkopplung, die die Lautstärke abschwächt. Deshalb muß der Ausgleich möglichst genau sein. Um dem Gitter die umgekehrte Spannung zu geben, die es durch die Kopplung mit der Anode erhält, muß man entweder die Gitter- oder die Anodenspule anzapfen oder es mit einer von ihnen über einen Transformator koppeln. (Bei einem Transformator hat die Sekundärspule immer entgegengesetzte Spannung wie die Primärspule.)

In Abb. 82 ist ein Einröhren-Hochfrequenzverstärker dargestellt, bei dem im Anodengleichstromkreise nur ein Teil der Schwingkreisspule liegt. Diese ist vielmehr in der Mitte angezapft und der Anodengleichstrom fließt daher nur vom Ende E_1 bis zur Anzapfung S durch die Spule. Um Schwingungen im Kreise $L_2 C_2$ zu erzeugen, genügt es natürlich, wenn ein Teil von ihm vom Anoden-Wechselstrome durchflossen wird. Freilich wird im allgemeinen die Verstärkung dann den größten Wert erreichen, wenn die ganze Induktivität im Anoden-Gleichstromkreise liegt.

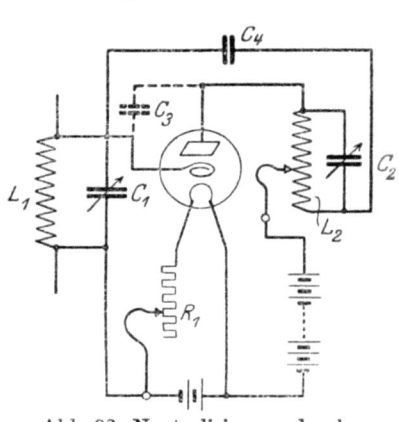

Abb. 82. Neutralisierung durch Anzapfung der Anodenspule.

Wenn in der Spule in Abb. 82 das Ende E_1 negatives Potential gegen die Anzapfstelle S hat, so hat im gleichen Augenblick E_2 gegen S und somit gegen den Heizfaden positives Potential. (Gemeint ist hierbei das Wechselpotential, daß zwischen S und dem Heizfaden die Hochspannungsbatterie liegt, beeinflußt dieses Wechselpotential nicht weiter.) Das Ende E_1 der Spule ist nun mit dem Gitter durch die Gitter-Anodenkapazität verbunden, was in der Zeichnung durch einen kleinen, gestrichelt gezeichneten Kondensator C_3 angedeutet ist. Das Gitter hat also stets ein von dem des Heizfadens abweichendes Potential. Nun verbinden wir es mit dem Ende E_2 der Anodenspule durch den kleinen Kondensator C_4. Dann bekommt es durch diesen ein Potential, das dem durch die innere Röhrenkapazität erzeugten stets entgegengesetzt gerichtet ist. Man beachte: Hat E_1 positives Potential, so hat gleichzeitig E_2 negatives. Das Potential von E_1 wird durch einmalige Richtungsumkehr (Kondensator C_3) auf das Gitter übertragen, dieses wird also negativ aufgeladen. Das negative Potential von E_2 wird ebenfalls durch einmalige Richtungsumkehr (Kondensator C_4) auf das Gitter übertragen und lädt es positiv auf. Ist der Ausgleich also gut, $C_3 = C_4$, so sind die beiden Potentiale gleich und heben sich auf. Die beiden Rück-

Die Mittel zur Bekämpfung der Schwingungsneigung.

kopplungswirkungen zerstören sich dann gegenseitig, das Gitter wird spannungslos. Damit ist die Ursache der Schwingungsneigung aufgehoben, die Röhre wird somit wahrscheinlich nicht mehr schwingen.

Der Kondensator C_4 kann auch dazu dienen, eine kapazitive Kopplung zwischen L_1 und L_2 zu neutralisieren. Man kann auch, um genau zu wissen, mit welcher Kapazität zwischen Anode und Gitter man rechnen muß, zwischen beide einen Kondensator schalten, der dann natürlich die Schwingungsneigung vergrößert. Durch Vergrößerung des Kondensators C_4 wird schließlich auch diese Kapazität neutralisiert. C_4 muß natürlich veränderlich sein, bei Einsetzen einer neuen Röhre wird es auch wieder einen anderen Wert bekommen müssen, weil die inneren Kapazitäten der einzelnen Röhren nie gleich sein werden.

Wenn wir nun in dem Kreise $L_2 C_2$ die verstärkten Schwingungen erhalten, müssen wir sie in irgendeiner Weise nutzbar machen, und wir können z. B. mit L_2 die Gitterspule einer zweiten Röhre koppeln. Ebenso können wir E_1 über einen Kondensator mit dem Gitter der folgenden Röhre verbinden, in dem Falle würden wir aber am Gitter der folgenden Röhre bloß die Hälfte der Spannungen wie bei induktiver Kopplung erhalten. Die Verstärkung würde entsprechend nachlassen. Diesen Nachteil können wir beseitigen, indem wir die Anzapfung S aus der Mitte hinaus und näher an das Ende E_2 heranrücken. Um auch dann noch Neutralisierung zu erhalten, muß der Kondensator C_4 entsprechend größer gemacht werden. Ist z. B. der Abstand von S zu E_2 nur 10 % der Entfernung $E_1 E_2$, so muß C_4 zehnmal so groß gemacht werden als die innere Röhrenkapazität (und die anderen, unerwünschten Kopplungskapazitäten).

In Abb. 83 ist die ganze, soeben erörterte Schaltung noch einmal dargestellt, und zwar so, daß das Grundsätzliche daraus noch klarer hervorgeht. Man sieht, daß infolge der Symmetrie der ganzen Anordnung hinsichtlich der verstärkten Wechselströme im Anodenkreise G immer das gleiche Potential hat wie S, und somit auch wie der Heizfaden. Indem wir also den Mittelpunkt von C_3 und C_4 mit dem Gitter verbinden, sichern wir uns dagegen, daß die Schwingungen im Anodenkreise in irgendeiner Weise das Gitterpotential beeinflussen können. Dessen Potential hängt dann lediglich von den Schwingungen im Kreise $L_1 C_1$ ab, wie es bei reiner Verstärkerwirkung der Fall sein muß.

Die in den Schaltbildern Abb. 82 und 83 gezeichnete Anordnung läßt sich natürlich auch umkehren. Der Anodenkreis bleibt dann normal und die Gitterspule erhält eine mittlere Anzapfung, um die auf das Gitter übertragenen

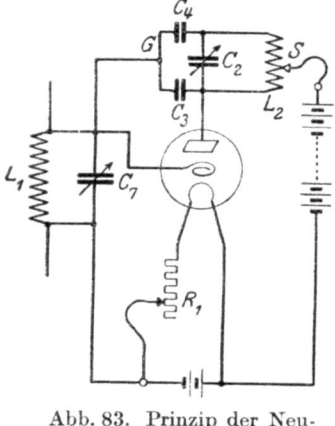

Abb. 83. Prinzip der Neutralisierung.

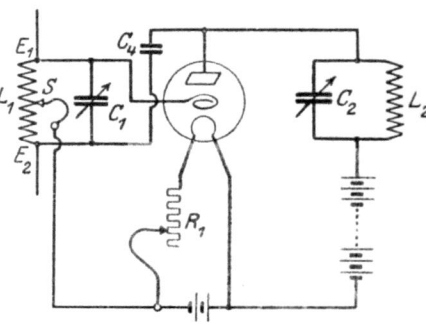

Abb. 84. Neutralisierung durch Anzapfung der Gitterspule.

Spannungen zu neutralisieren. Eine solche Anordnung ist in Abb. 84 dargestellt. Die Anodenspannung wird durch die innere Röhrenkapazität auf das Ende E_1 der Gitterspule, durch den Neutralisierungskondensator auf ihr Ende E_2 übertragen. Beide Wirkungen heben sich gegenseitig auf.

Eine andere Anordnung zur Neutralisierung (nach A. D. Cowper) zeigt die Schaltung Abb. 85. Anoden- und Gitterkreis sind beide ganz normal aufgebaut,

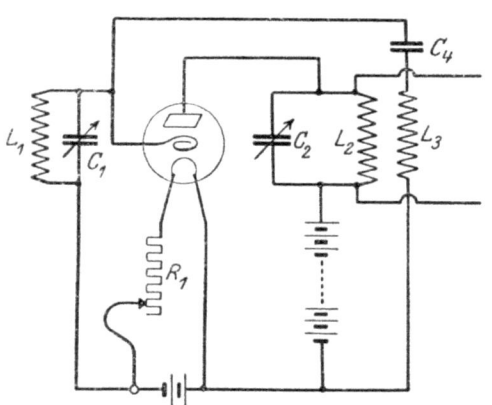

Abb. 85. Neutralisierung nach Cowper.

von der Anodenspule wird die Gitterspannung der folgenden Röhre abgezweigt. Mit der Anodenspule ist eine Spule L_3 gekoppelt,

Die Mittel zur Bekämpfung der Schwingungsneigung. 101

in der dann also eine entgegengesetzt gerichtete Spannung erzeugt wird wie in L_3 selbst. Durch den Kondensator C_3 wird diese nochmals umgekehrt und so dem Gitter zugeführt, sie neutralisiert alsdann die durch die innere Röhrenkapazität erzeugten Spannungen.

Man kann aber auch, an Stelle einer im Anodenkreise liegenden, durch einen Kondensator abgestimmten Drossel einen Transformator verwenden, dessen Sekundärseite am Gitter der zweiten Röhre liegt. Eine solche Schaltung ist in Abb. 86 dargestellt. Die Anzapfung ist an der Sekundärseite vorgenommen, sie neutralisiert wiederum durch einen kleinen Kondensator C_4 das Gitter

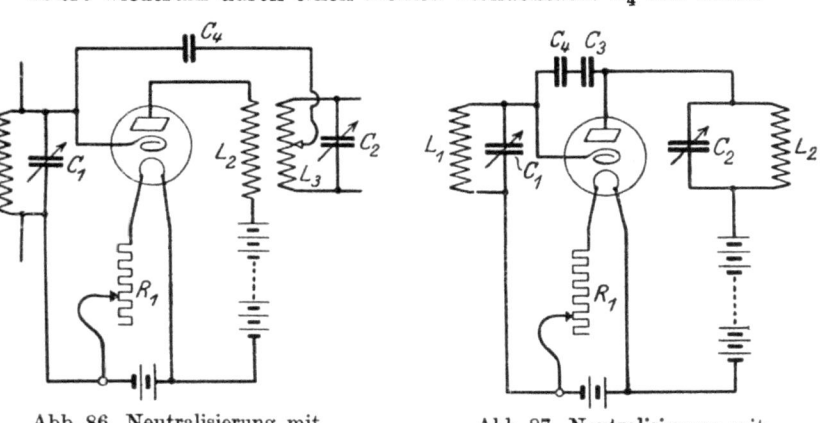

Abb. 86. Neutralisierung mit Transformator.

Abb. 87. Neutralisierung mit Doppelkondensator.

der ersten Röhre. Die durch den Transformator bewirkte Umkehr der Spannungsrichtung hat zur Folge, daß dem Gitter die umgekehrte Spannung zugeführt wird, wie durch die unerwünschten Kopplungskapazitäten.

Endlich ist in Abb. 87 noch eine weitere mögliche Neutralisierungsschaltung dargestellt. Wir sahen, daß es darauf ankommt, eine zweimalige Spannungsumkehr zu erzielen und diese Spannung dem Gitter zuzuführen. Eine unmittelbare Verbindung war wegen der damit verbundenen Überkopplung und sonstiger Wirkungen nicht möglich. Die zweimalige Spannungsumkehr läßt sich aber auch in zwei in Reihe geschalteten Kondensatoren erzielen, deren Größe so abgepaßt sein muß, daß jeder doppelt so groß ist, wie die störenden Kopplungskapazitäten, dann ist ihre Reihenschaltung ihnen gleich. Spannungsumkehr und gleiche Größe der Kopplung wird so auf das Einfachste erreicht.

C. Beschreibung vollständiger Hochfrequenzverstärker.

1. Gedämpfte Schaltungen.

In dem Schaltbilde Abb. 88 ist ein vollständiger, zweistufiger Hochfrequenzverstärker dargestellt. Die Neigung zur Schwingungserzeugung wird hierbei naturgemäß sehr stark sein. Ihr

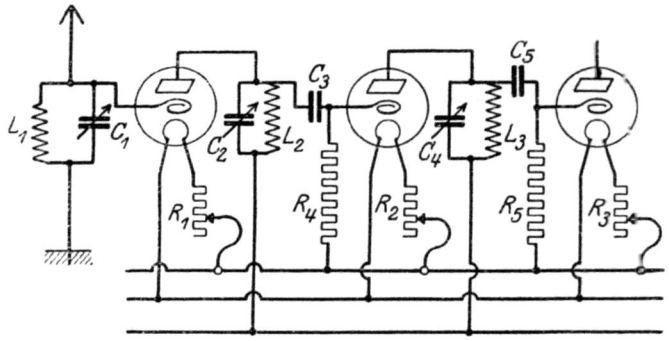

Abb. 88. Zweistufiger Hochfrequenzverstärker.

entgegenzuwirken, ist zunächst die festeste Antennenkopplung gewählt. Fernerhin ist die Erdseite des Luftleiters an den positiven Pol der Heizbatterie gelegt, so daß das Gitter der ersten Röhre positives Potential erhält, wodurch eine weitere Dämpfung der Schwingungsneigung erzielt wird. Immerhin wird durch beide Mittel nur die erste Röhre stabilisiert, nicht aber die zweite. Der Gitterkreis der zweiten Röhre ist zugleich Anodenkreis der ersten, der natürlich abgestimmt ist. Der in ihm fließende Gleichstrom trägt nun zur Dämpfung der zweiten Röhre bei, deshalb darf die erste Röhre nicht zu schwach geheizt werden; dadurch würde sie zwar selbst stabiler, aber die zweite noch unstabiler werden. Diese zu stabilisieren, ist der veränderliche Gitterwiderstand R_4 angeordnet, der an den positiven Pol der Heizbatterie führt.

Notwendig ist es natürlich, darauf zu achten, daß die Spulen gehörig weit voneinander entfernt werden und so gestellt sind, daß sie sich gegenseitig nicht induktiv koppeln können. Tritt doch noch Selbsterregung auf, so kann man ihr begegnen, indem man in den abgestimmten Kreisen größere Kondensatoren und kleinere Spulen verwendet. Auch eine Herabsetzung der Widerstandswerte von R_4 und R_3 vermag zu helfen. Man versuche es zuerst mit R_4, der auf 200000 und sogar auf 100000 Ω verkleinert werden kann.

In Abb. 89 ist eine von Scott-Taggart besonders empfohlene Schaltung dargestellt, die die Dämpfungserhöhung durch Parallelwiderstände verwendet. Parallel zum Gitterkreise der ersten

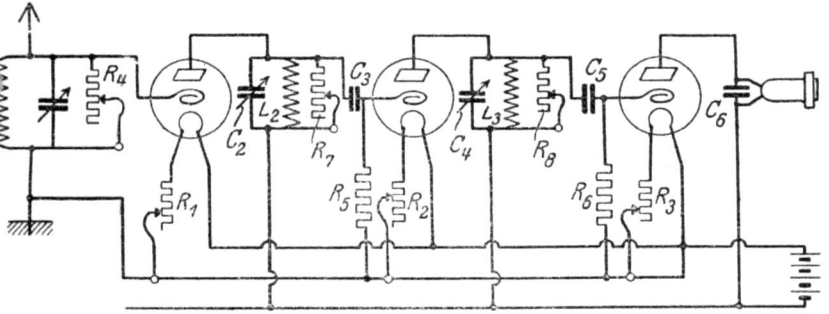

Abb. 89. Mehrstufiger Hochfreqenzverstärker mit erhöhter Dämpfung.

Röhre ist ein veränderlicher Widerstand von 100000 Ω geschaltet, ebensolche Widerstände sind den Anodenkreisen der ersten und zweiten Röhre nebengeschaltet. Man nimmt diese Widerstände so, daß sie bis zum Werte unendlich vergrößert werden können, so daß man ausprobieren kann, welcher von ihnen zum Stabilisieren des Verstärkers überhaupt notwendig ist. Da ein gewisser Betrag an Rückkopplung bei Hochfrequenzverstärkung jedenfalls wünschenswert ist, wird man mit der Stabilisierung nicht weiter gehen, als notwendig, so daß das Einsetzen der Schwingungen eben noch unterbleibt. Vielleicht genügt dazu schon der Widerstand R_4. Durch passende Einstellung der Widerstände kann man sich jedenfalls dem Schwingungspunkte sehr feinstufig nähern.

In Abb. 90 ist eine Schaltung gezeichnet, bei der die Widerstände in den abgestimmten Anodenkreisen liegen. Sie müssen

104   Beschreibung vollständiger Hochfrequenzverstärker.

dann, wie schon früher erwähnt, einen Wert von 30 bis 50 Ω haben, der genaue Wert muß durch Ausprobieren gefunden wer-

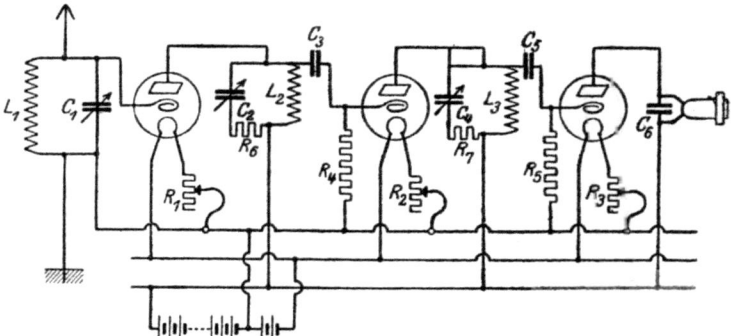

Abb. 90. Mehrstufiger Hochfrequenzverstärker mit erhöhter Dämpfung.

den. Auch diese Schaltung wird verhältnismäßig leicht befriedigende Resultate geben. Eine sehr beliebte Schaltung zeigt Abb. 91. Hier wird dem Gitter der beiden Hochfrequenzverstärkerröhren

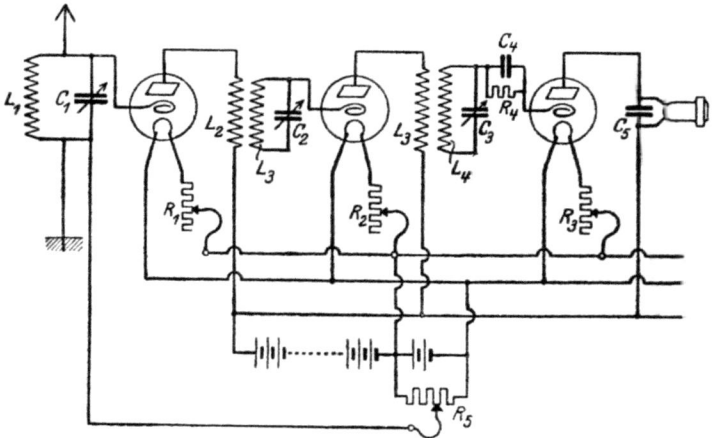

Abb. 91. Mehrstufiger Hochfrequenzverstärker mit positiver Gittervorspannung.

eine positive Vorspannung erteilt, wozu die Heizbatterie durch ein Potentiometer, einen verstellbaren Widerstand von mindestens 500 Ω überbrückt wird. Es fließt dann ein Gitterstrom, der die notwendige Dämpfung besorgt. Ein Blockkondensator von vielleicht 2000 cm überbrückt das Potentiometer für die Hochfrequenzströme. In dieser Schaltung sind Hochfrequenztransformatoren mit abgestimmter Sekundärseite verwendet worden. Eine Abstimmung mit einfachen Drosselspulen ergibt elektrisch naturgemäß dieselbe Wirkung, doch ist die Abstimmung der Sekundärseite aus den früher dargelegten Gründen vorzuziehen.

2. Neutralisierungsschaltungen.

Die heute in den meisten Fällen bei mehrfacher Hochfrequenzverstärkung verwendete Schaltung ist die sog. Neutralisierung, Neutrodynschaltung usw. Sie wird durchgängig mit dem Namen Hazeltines verknüpft, aber auch J. Scott-Taggart hat im Januar ein englisches Patent Nr. 217 971 auf diese Schaltung genommen. Die Selbständigkeit beider soll nicht angezweifelt werden, aber die Priorität gebührt unzweifelhaft Telefunken, das sich diese Anordnung bereits am 16. Juni 1915 (!!) durch das D.R.P. Nr. 298 404 schützen ließ. Sie ist also eine deutsche Erfindung, und es liegt hier wieder einmal der bekannte Fall vor, daß deutsches Geistesgut erst aus dem Auslande zu uns zurückkehren muß, ehe es hier Anerkennung findet. Der Prophet gilt eben nichts in seinem Vaterlande. Siehe Telephon, elektrische Straßenbahn und noch viele andere, recht wertvolle Erfindungen.

Eine Ausführung eines zweistufigen, neutralisierten Hochfrequenzverstärkers zeigt das Schaltbild Abb. 92. Wir sehen hier die früher besprochenen Anzapfungen der Spulen L_2 und L_3, an denen die Zuleitung der Anodenbatterie endigt. Das der Anode abgekehrte Ende der Spule ist in jedem Falle durch einen kleinen Kondensator mit dem Gitter der betreffenden Röhre verbunden. Das sind die beiden Kondensatoren C_2 und C_5. Die Wirkungsweise dieser Schaltung ist bereits früher erläutert worden. Die Lage der Anzapfungen ist nicht sehr wichtig, weil sie durch die Größe des Neutralisierungskondensators ausgeglichen werden. Er muß um so größer sein, je weiter die Anzapfung von der Anode entfernt ist.

Der Betrag dieser Neutralisierungskondensatoren ist nur sehr gering, in der Größenordnung einiger Zentimeter. Sie können leicht aus zwei Drähten hergestellt werden, die isoliert sind und über die ein Messingrohr geschoben wird, das mit dem einen Drahte leitend verbunden ist, wie es Abb. 93 zeigt. Auch einige Zentimeter umeinander verdrillter Doppelleitung haben ungefähr eine Kapazität dieser Größe, indem man ein Stückchen aufdrillt oder zusammenwürgt, kann man die richtige Kapazität leicht einstellen. Diese

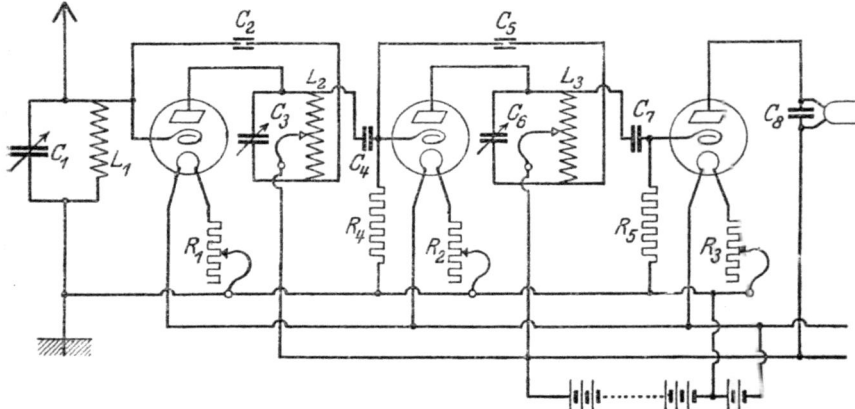

Abb. 92. Zweistufiger neutralisierter Hochfrequenzverstärker.

Bauart ist in der beistehenden Abb. 94 dargestellt. Ebenso sind kleine Schrauben mit flachen Köpfen geeignet, eine solche Kapazität zu erzeugen, wenn man sie in kurzer Entfernung ein-

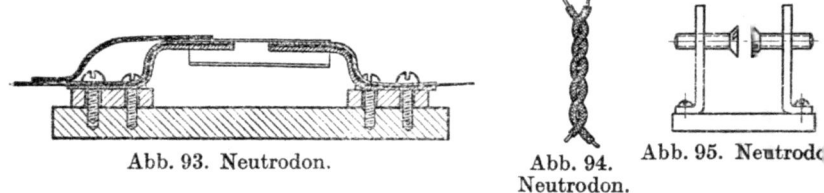

Abb. 93. Neutrodon.   Abb. 94. Neutrodon.   Abb. 95. Neutrodon

ander gegenübersteIlt, wie das Abb. 95 zeigt. Auch hier ist die Kapazität durch Hin- und Herschieben bequem zu regulieren.

Bei der Einstellung dieser kleinen Kapazitäten wirkt die Nähe des Körpers außerordentlich störend, weil durch sie zusätzliche Kapazitäten erzeugt werden, die jene an Größe bei weitem übertreffen. Deshalb kann es zweckmäßig sein, zwischen Anode und Gitter einen Kondensator von merklicher Größe einzufügen. Dann muß der Neutralisierungskondensator entsprechend vergrößert werden, und die durch die Hand erzeugten zusätzlichen Kapazitäten wirken nicht mehr so störend.

Zu der Schaltung Abb. 92 wäre noch zu bemerken, daß auf die folgende Röhre immer eine um so größere Energie übertragen wird, je weiter sich die Anzapfung von der Anode entfernt, ein um so größerer Teil der Anodenspule also vom Gleichstrome durchflossen wird.

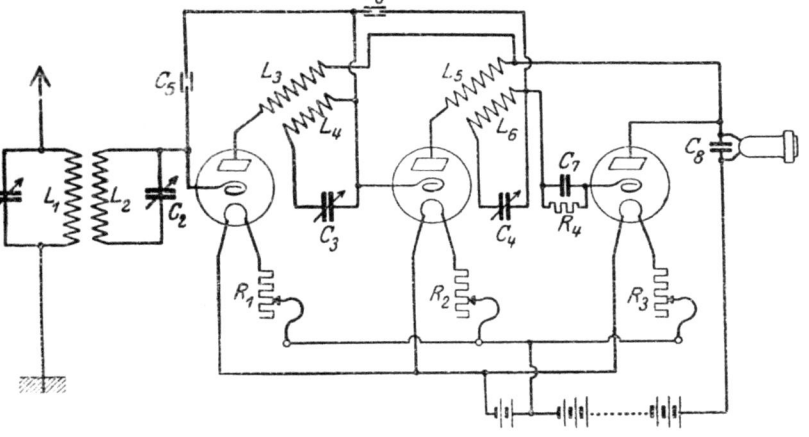

Abb. 96. Hazeltines Neutrodynempfänger.

Das Schaltbild Abb. 96 stellt den Neutrodynempfänger von Hazeltine dar, der der ganzen Klasse der Hochfrequenzverstärker mit kapazitiver Gegenkopplung den Namen gegeben hat. Hier ist die Umkehrung der Spannungsrichtung durch Verwendung von Hochfrequenztransformatoren (L_3/L_4 und L_5/L_6) erreicht worden, zur Neutralisierung dienen die kleinen Kondensatoren C_5 und C_6. Bei diesen Vorbeugungsmaßnahmen ist eine verhältnismäßig lose Kopplung mit dem Luftleiter möglich, was die Selektivität erhöht und atmosphärische Störungen vermindert.

Bei einem solchermaßen gegen Eigenschwingungen gesicherten Verstärker kann man dann wohl eine gut abgewogene Rückkopplung einführen. Man tut sogar gut daran, den Verstärker recht ausgiebig zu stabilisieren und dann die schädliche Dämpfung durch Rückkopplung aufzuheben.

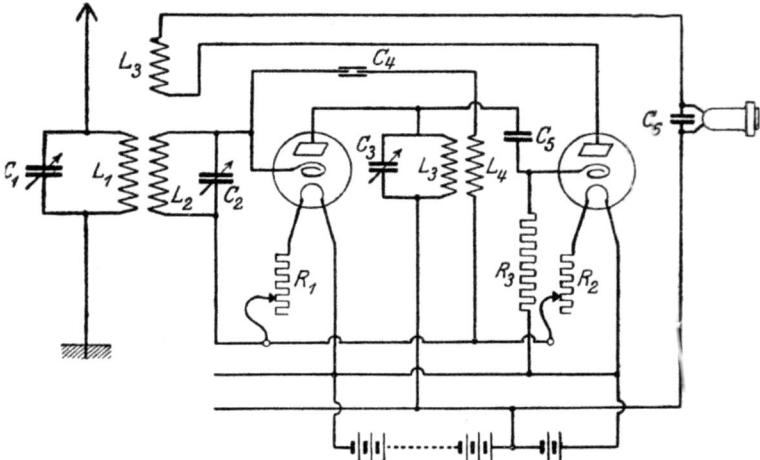

Abb. 97. Cowpers Neutrodynempfänger.

Die früher schon beschriebene Cowpersche Schaltung mit Spannungsumkehr durch eine gekoppelte Sekundärspule zeigt das

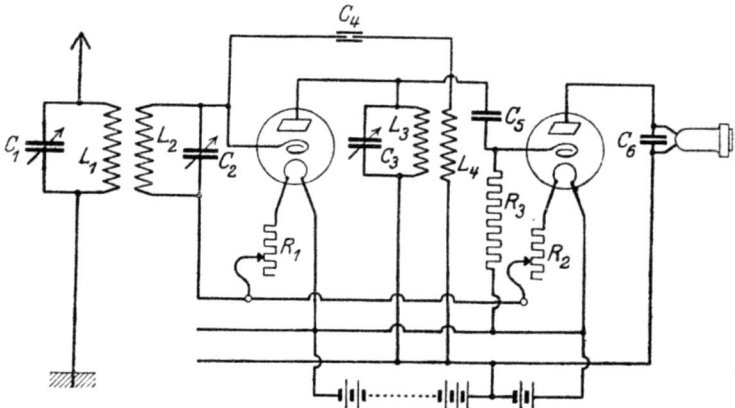

Abb. 98. Cowpers Neutrodynempfänger mit Rückkopplung.

nächste Schaltbild Abb. 97. Die Spannungsumkehr wird durch die Spule L_4 bewirkt. Das eine Ende führt zum Gitter über den kleinen Kondensator C_4, das andere zur Heizbatterie. Die Ergebnisse dieser Schaltung sind vorzüglich, am besten wenn L_2 und L_3 groß, dagegen C_2 und C_3 klein sind. L_4 macht man zweckmäßig ungefähr ebenso groß wie L_3, die Spule bekommt Anzapfungen, um den günstigsten Wert ausprobieren zu können. Natürlich muß sie richtig angeschlossen werden, deshalb müssen die Anschlüsse austauschbar sein. Die genaue Einstellung des Kondensators C_4 ist sehr wichtig.

Die Abb. 98 stellt einen Empfänger Cowperscher Schaltung mit zwei Röhren Hochfrequenzverstärkung und Rückkopplung dar.

Bei den angeführten Schaltungen ist nur der Ausgleich der unerwünschten Kopplungskapazitäten betont worden. Es versteht sich aber von selbst, daß auch die vorher besprochenen Maßnahmen zur Beseitigung der induktiven Kopplung anzuwenden sind. Insbesondere die schräge Stellung der Spulen nach Hazeltine ist praktisch, ob die Spulen, wie ebenfalls Hazeltine es angegeben hat, unmittelbar auf die Kondensatoren aufgebaut werden oder nicht, ist wenig wichtig.

D. Vielfach-Hochfrequenzverstärkung.

Dem Leser wird es sicherlich aufgefallen sein, daß bei allen bisherigen Schaltungen nie mehr als 2 Röhren gezeichnet worden sind. Möglicherweise wird er annehmen, man könne das dargestellte Verfahren einfach fortsetzen, also an die gezeichneten Röhren noch andere in der gleichen Schaltung anschließen, um jede beliebige Verstärkung zu erzielen. Das wäre aber ein Irrtum. Denn die Schwierigkeiten wachsen mit zunehmender Röhrenzahl so stark, daß es auch mit Neutralisierung kaum gelingt, einen 3fach-Hochfrequenzverstärker in Betrieb zu halten. Auch Hazeltine hat sich aus diesem Grunde auf 2 Röhren beschränkt. Für die meisten Fälle wird das auch ausreichen; mit zweifacher Hochfrequenzverstärkung und einer guten Hochantenne wird man selbst unter den ungünstigen Empfangsverhältnissen der Großstadt alle europäischen Sender empfangen können. Will man aber entferntere Stationen mit Rahmen- oder Zimmerantenne und Lautsprecher empfangen, so wird eine ausgiebigere Hochfrequenzverstärkung notwendig. Dabei werden freilich auch alle Störungen, die z. T. von den Röhren selbst herrühren, mit verstärkt, so daß unter Umständen eine höhere Verstärkung die Telephonie nicht besser, sondern schlechter hervortreten läßt. Auch wird es immer schwieriger, Rückkopplungen durch Kapazitäten, die zur Selbsterregung führen, zu vermeiden. Wie schon früher erwähnt, genügt bei 1000facher Spannungsverstärkung, die im allgemeinen mit 3 Röhren erreicht sein wird, ein Leiterstückchen von der Größe eines Stecknadelkopfes, das mit dem Gitter der ersten Röhre verbunden ist, zur Selbsterregung. Hier hilft dann nur allseitiges Einschließen in geerdete metallene Schutzhüllen, die freilich auch wieder die Erdkapazität vergrößern und die Verstärkungsziffer herabsetzen. Die Leitungen müssen in metallenen oder metallüberzogenen Rohren verlegt werden. Damit wird die Neigung zu Eigenschwingungen stark herabgesetzt, freilich auch, wenngleich nicht im selben Maße, die Güte der Schaltung.

Mit alledem läßt sich aber die innere Rückkopplung der Röhre, die, wie wir sahen, die Hauptursache aller Störungen ist, nicht beseitigen. Hier hilft nur der Neutralisierungskondensator. Aber bei 2 Stufen ist auch die Grenze von dessen Anwendbarkeit erreicht. Wie kommt man weiter?

Wir erinnern uns, daß Schwingungen nur dann eintreten, wenn der Anodenkreis auf dieselbe Wellenlänge wie der Gitterkreis abgestimmt ist. Ist einer von beiden nicht abgestimmt, so fällt die Möglichkeit des Selbstschwingens fast ganz weg. Beispielsweise die Schaltung Abb. 99 hat einen nicht abgestimmten, wie man sagt, aperiodischen Anodenkreis, dagegen einen abgestimmten Gitterkreis, es ist anzunehmen, daß sie keine Schwingungsneigung hat. Bauen wir statt der Spule L_2 einen Hochfrequenztransformator ein (mit oder ohne Eisen), so ändert sich daran nichts, der Anodenkreis bleibt aperiodisch. Ganz streng richtig ist das freilich auch nicht. Denn wie wir schon sahen, hat jede Spule Eigenkapazität, wenn auch vielleicht eine ganz geringfügige. Diese ergibt mit der Spuleninduktivität zusammen eine Eigen-

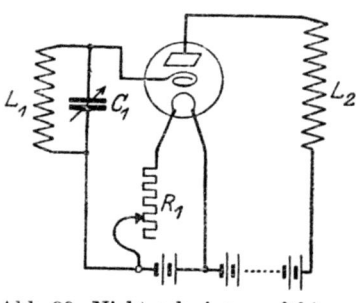

Abb. 99. Nicht schwingungsfähige Röhrenschaltung.

Vielfach-Hochfrequenzverstärkung. 111

welle, deren Länge sich nach der bekannten Thomsonschen Formel

$$\lambda = 2 \cdot \pi \cdot \sqrt{L \cdot C}$$

richtet. Gewöhnlich ist die Länge sehr klein, falls nur C genügend klein bleibt. Bei den sog. kapazitätsfreien Spulen wird das fast stets der Fall sein. Eine Honigwabenspule von 100 oder 150 Windungen wird in einem Hochfrequenzverstärker als Drosselspule gute Dienste leisten.

Die Verwendung aperiodischer Spulen hat nun aber den Nachteil, daß die erzielbare Verstärkungsziffer sinkt. Der Wechselstromwiderstand eines abgestimmten Kreises ist unendlich groß, der einer Spule immer endlich. Infolgedessen ist die an den Endpunkten eines abgestimmten Kreises sich ausbildende Spannung und mit ihr die auf die nächste Röhre übertragene Energie viel größer als bei einem aperiodischen Kreise, die Verstärkung nimmt zu, und zwar recht erheblich. Man kann sagen, daß 3 Röhren in aperiodischer Schaltung noch nicht dasselbe leisten wie 2 Röhren mit abgestimmten Kreisen. Mit der Verstärkung läßt auch die Selektivität nach. Baut man also einen Hochfrequenzverstärker unter Verwendung aperiodischer Transformatoren oder Spulen, so muß man mehr Röhren nehmen, erzielt dafür aber größere Stabilität.

Statt der Drosselspule oder des Transformators kann auch ein Widerstand verwendet werden. Dieser wird sich besser für längere Wellen (über 1000 m) eignen, für die gewöhnlichen Rundfunkwellen ist die Drosselspule besser, weil ihr Wechselstromwiderstand mit abnehmender Wellenlänge (zunehmender Frequenz) stark wächst.

Es liegt nun nahe, einen Kompromiß zu schließen und etwa einen Vielfach-Hochfrequenzverstärker zu bauen, bei dem ein Teil der Röhren abgestimmte, ein anderer Teil aperiodische Anoden- (oder Gitter-) Kreise hat. Eine solche Schaltung stellt beispielsweise Abb. 100 dar. Hier hat die erste Röhre abgestimmte Anoden- und Gitterkreise, die zweite Röhre hat als Gitterkreis den Anodenkreis der ersten Röhre, als Anodenkreis die aperiodische Spule L_3. (Daß der Anodenkreis der ersten Röhre Gitterkreis der zweiten ist, sieht man leicht, wenn man den Weg über die Batterie oder ihren Parallelkondensator weg bis zum Anschlußpunkte von R_2 verfolgt, der Kreis ist also richtig an Gitter und Kathode angeschlossen.) Die erste Röhre wird demgemäß Schwingungsneigung haben, die zweite aber nicht.

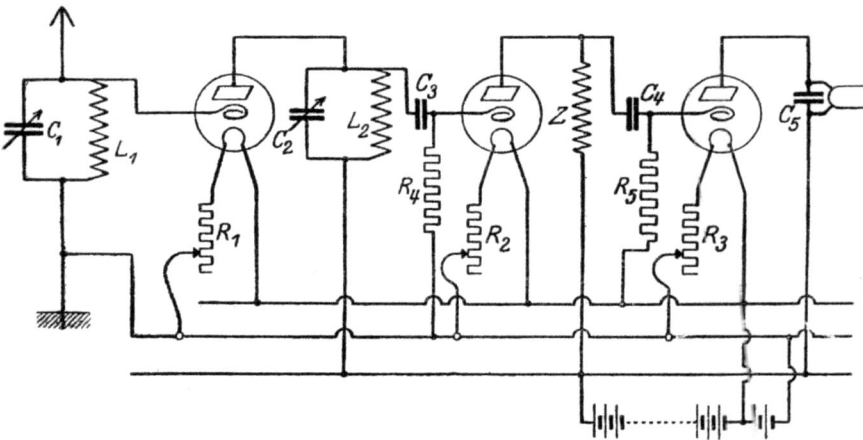

Abb. 100. Empfänger mit schwingungsfähiger erster Röhre.

Vertauschen wir nun einmal den Anodenkreis $L_2 C_2$ mit der Spule L_3, so haben wir 2 Hochfrequenzverstärkerröhren, von denen

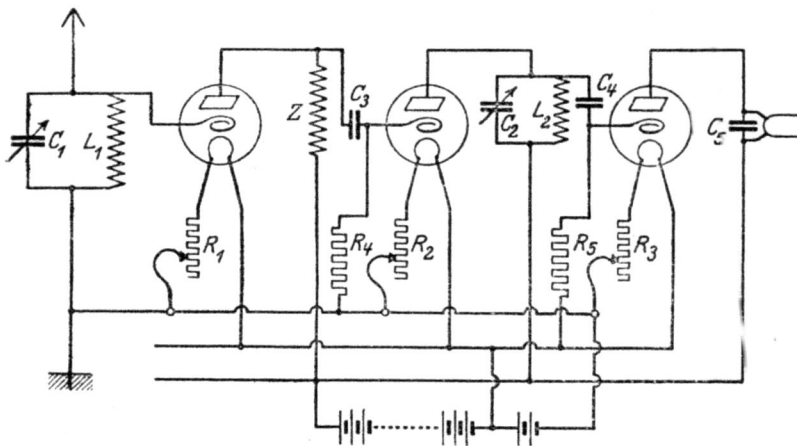

Abb. 101. Empfänger in T-A-T-Schaltung.

die erste einen abgestimmten Gitterkreis, die zweite einen aperiodischen Gitter- und abgestimmten Anodenkreis hat. Diese Schal-

Vielfach-Hochfrequenzverstärkung. 113

tung, die in Abb. 101 dargestellt ist, nennt ihr Erfinder J. Scott-Taggart das T-A-T-System. Diese Bezeichnung bedeutet tuned - aperiodic - tuned (abgestimmt - aperiodisch - abgestimmt), nach der Reihenfolge der Kreise. Ein solcher Verstärker wird eine sehr geringe Neigung zu Eigenschwingungen haben. Denn wir haben im ganzen Verstärker nur solche Kreise, wie sie in Abb. 99 dargestellt sind, der eine der beiden an die Röhre angeschlossenen Kreise ist stets aperiodisch, der andere abgestimmt, beide unterstützen sich daher gegenseitig nicht zur Schwingungserzeugung.

Eine solche Schaltung kann nun freilich nicht ebenso hohe Verstärkungsziffern ergeben, wie eine solche mit lauter abgestimmten Kreisen.

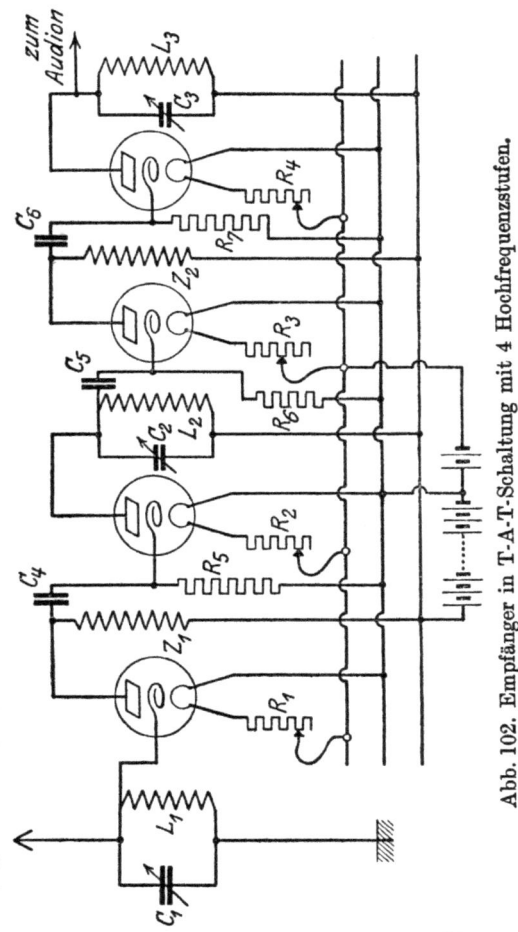

Abb. 102. Empfänger in T-A-T-Schaltung mit 4 Hochfrequenzstufen.

Denn es wechselt eine Röhre mit mittlerer Verstärkung (aperiodischer Anodenkreis) mit einer hoher Verstärkung (abgestimmter Anodenkreis) ab. Dafür hat man aber den großen Vorteil hoher Stabilität und kann durch Verwendung von mehr

Hamm, Hochfrequenzverstärker. 8

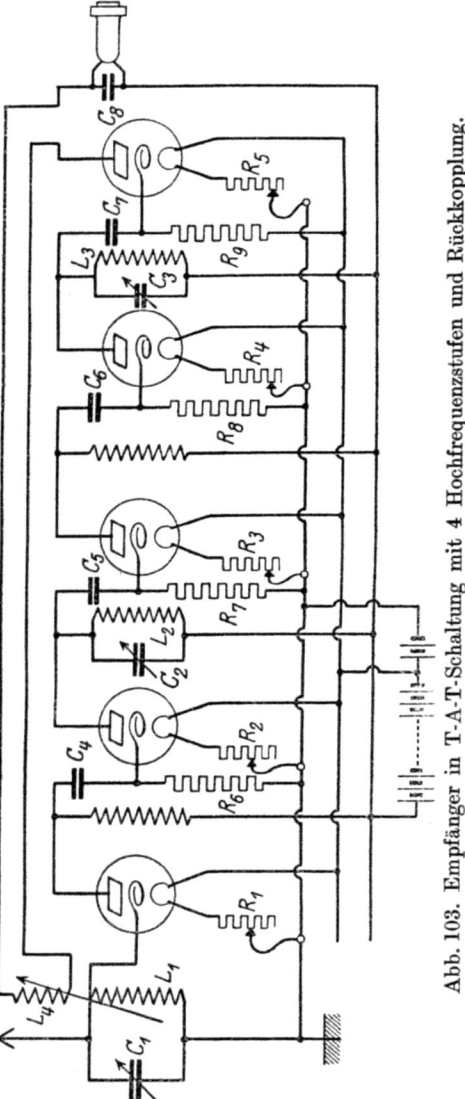

Abb. 103. Empfänger in T-A-T-Schaltung mit 4 Hochfrequenzstufen und Rückkopplung.

Röhren tatsächlich eine höhere Verstärkung erzielen als im ersten Falle.

Statt der Drosselspulen kann in jedem Falle auch ein Widerstand angewendet werden, doch eignet sich diese Schaltung, wie schon erwähnt, mehr für Wellen über 1000 m. Der Ohmbetrag der Widerstände muß zwischen 50 und 100 000 sein.

Dieses System läßt sich nun in der Tat beliebig fortsetzen und der Erfinder hat bereits mit einem 7 stufigen Hochfrequenzverstärker erfolgreich gearbeitet. Eine derartige Verstärkung war bisher nur für lange Wellen möglich, um kurze Wellen entsprechend kräftig verstärken zu können, mußte man zu dem Umwege der Transponierungsempfänger greifen, in denen künstlich aus der kurzen Welle eine lange gemacht wird.

Abb. 102 zeigt die Schaltung eines 5-Röhrenverstärkers mit 4 Hochfrequenzstufen.

Es läßt sich ferner in dieses System ohne weiteres eine Rückkopplung einbauen, durch Kopplung einer im Anodenkreise der letzten Röhre liegenden Spule entweder mit der Antennenspule oder der Spule des ersten abgestimmten Kreises. Ebensogut ist eine kapazitive Rückkopplung möglich. Natürlich besteht dabei wieder, wie bei allen Rückkopplungsschaltungen, die Gefahr der Schwingungserzeugung.

Abb. 103 zeigt den vorher erwähnten 5-Röhrenverstärker in der Rückkopplungsschaltung mit Antennenkopplung. Der Rückkopplungseffekt wird natürlich nicht nur auf den Antennenkreis, sondern auch auf den Abstimmkreis $L_2 C_2$ übertragen, und so hat jede Veränderung der Kopplung zwischen L_1 und L_4 ein Nachstimmen an C_1, C_2 und unter Umständen C_3 im Gefolge. Die Wahl der Drosselspule hängt von der zu empfangenden Wellenlänge ab, für die Rundfunkwellen wird eine 200er oder 250er Spule angemessen sein.

Mit dem T-A-T-System scheint in der Tat die Entwicklung des Hochfrequenzverstärkers für kurze Wellen vorläufig abgeschlossen zu sein. Denn da man hier mit Leichtigkeit 4 bis 8 Stufen Verstärkung einbauen kann, ist es möglich, jedes Signal, das an irgendeiner Stelle der Erde gegeben wird, aufzunehmen; die Deutlichkeit wird natürlich von der Stärke der mit aufgenommenen atmosphärischen Störungen abhängen. Solange es nicht gelingt, diese ganz auszuschalten, hat ein weiterer Ausbau der Hochfrequenzverstärkung keinen Sinn mehr.

E. Bewertung von Verstärkern.

Man bewertet elektrische Maschinen nach ihrem Wirkungsgrade, d. h. nach der ihnen entnommenen Leistung, dividiert durch die ihnen zugeführte Leistung. Ein gewöhnlicher Wechselstromtransformator erhalte hochspannungsseitig 1000 V und einen Strom von 10 Amp., die Primärleistung ist dann 10000 Watt. Auf der Niederspannungsseite erzeugt er 110 V und gibt einen Strom von 86 Amp. ab, das sind 9460 Watt. Dann beträgt sein Wirkungsgrad

$$\eta = \frac{9460}{10000} \cdot 100 = 94{,}6\,^0/_0.$$

Entsprechend könnte man bei einem Verstärker das Verhältnis der von ihm abgegebenen zu der ihm zugeführten Leistung als

Verstärkungsgrad bezeichnen. Das ist die Größe, die wir schon früher Leistungsverstärkung genannt hatten. In der Schwachstromtechnik ist man aber wenig gewohnt, mit Leistungen zu rechnen, man rechnet lieber mit Strömen und Spannungen. Daher wählt man als Maßstab der Leistung eines Verstärkers die Wurzel aus jener Größe, den linearen Verstärkungsgrad.

Zu dem erzielten Verstärkungsgrade tragen sowohl die Röhre selbst, wie auch die Schaltung bei. Von einem Verstärkungsgrade der Röhre allein kann man in diesem Sinne überhaupt nicht sprechen, denn bei negativ vorgespanntem Gitter ist ihre Leistungsaufnahme gleich Null und somit würde der Verstärkungsgrad unendlich groß. Wir bilden daher als Maß für die Brauchbarkeit einer Röhre den Begriff der „Güte der Röhre", die gleich der vierfachen, auf der Anodenseite maximal abgebbaren Leistung in Watt ist, wenn dem Gitter eine Wechselspannung von $E_{g\,\text{eff}} = 1$ V zugeführt wird. Es ist dann

$$\frac{4 N_{a\,\text{max}}}{E^2_{g\,\text{eff}}} = \frac{1}{D^2 \cdot R_i} = S^2 R_i = \frac{S}{D} = G_R.$$

Für $S = 10^4$ und $D = 0,1$ ($10^0/_0$) wird also $G_R = 0,001$ d. h. bei einer Gitterspannung von 1 V kann die Röhre auf der Anodenseite im Höchstfalle 0,00025 Watt Schwingungsenergie abgeben. Sinkt dagegen die Gitterspannung auf 0,1 V, so fällt die Anodenleistung auf 0,0000025 Watt. Das zeigt ganz drastisch, wie wichtig es ist, eine möglichst hohe Gitterspannung zu erzielen. Daß im Nenner die Gitterspannung im Quadrat steht, rührt daher, daß eine Veränderung der Gitterspannung sowohl Spannung wie Stromstärke auf der Anodenseite beeinflußt, die Anodenleistung sich also quadratisch ändert.

Aus der unverstärkten Leistung N_u eine möglichst hohe Wechselspannung am Gitter zu erzeugen, ist nun die Aufgabe der Schaltung. Wir können auch dafür den Begriff der Güte der Schaltung bilden. Es wäre

$$G_S = \frac{E^2_{g\,\text{eff}}}{N_u}.$$

Auch hier muß das Quadrat der Spannung stehen, da die doppelte Spannung den vierfachen Leistungsaufwand erfordert.

Bewertung von Verstärkern. 117

Für den Verstärkungsgrad finden wir dann

$$W = \sqrt{\frac{N_v}{N_u}}.$$

N_v wäre gleich $\dfrac{G_r \cdot E^2_{g\,\text{eff}}}{4}$, wenn die Röhre tatsächlich die höchstmögliche Leistung im Anodenkreise abgäbe. Das ist aber nie der Fall, weil es selten möglich ist, diesem einen genau angepaßten Widerstand zu geben. Auch die Transformatoren haben meistens keinen guten Wirkungsgrad. Endlich wirkt bei Hochfrequenzverstärkern besonders störend die Kapazität zwischen Anode und Heizdraht, der für kurze Wellen den wirksamen Widerstand des Anodenkreises erheblich unter den inneren Röhrenwiderstand herabdrückt. Daher muß man noch den Begriff des Anodenwirkungsgrades einführen, der gerade bei Hochfrequenzverstärkern für kurze Wellen sehr gering, vielleicht nur 30 bis 40% groß ist. N_u ist nach der obenstehenden Gleichung

$$N_u = \frac{E^2_{g\,\text{eff}}}{G_S}$$

und damit finden wir den Verstärkungsgrad

$$W = \sqrt{\frac{G_R \cdot E^2_{g\,\text{eff}} \cdot \eta_a}{4 \cdot E^2_{g\,\text{eff}} \cdot \dfrac{1}{G_S}}}$$

$$= \frac{1}{2} \sqrt{G_S \cdot G_R \cdot \eta_a}.$$

Die Güte der Schaltung ist nun im wesentlichen nichts anderes als der wirksame Widerstand zwischen Gitter und Heizdraht, dessen Wichtigkeit wir schon oft genug kennen gelernt hatten. Denn die im Gitterkreis verbrauchte Leistung ist gegeben durch

$$N_g = N_u = \frac{E^2_{g\,\text{eff}}}{R_g} \quad \text{(nach dem Ohmschen Gesetz).}$$

Vorhin hatten wir aber $\dfrac{E^2_{g\,\text{eff}}}{N_u}$ als „Güte der Schaltung" definiert, es folgt also, daß der Gitterwiderstand damit identisch ist. Diesen Widerstand kann man nach Abschalten der zu verstärkenden Spannung in der Wheatstoneschen Brücke messen.

Auch G_S müssen wir noch mit einem Faktor kleiner als 1 multiplizieren, den wir analog als Gitterwirkungsgrad bezeichnen können.
Dann ist
$$G_S = R_G \cdot \eta_G.$$

Somit finden wir schließlich für den linearen Verstärkungsgrad
$$W = \frac{1}{2}\sqrt{G_S \cdot G_R \cdot \eta_S} = \frac{1}{2}\sqrt{\eta_A \cdot \eta_G} \cdot \sqrt{R_G \cdot \frac{S}{D}}.$$

Daraus sehen wir, daß die wirkliche Verstärkung, außer von der richtigen Anpassung des äußeren Widerstandes an den inneren Röhrenwiderstand und den unvermeidlichen Verlusten, nur noch von der Güte der Röhre $\left(G_R = \dfrac{S}{D}\right)$ und der Höhe des wirksamen Gitterwiderstandes abhängt.

Für G_R kann man bei Eingitterröhren etwa einen Wert von 1 bis $1{,}5 \times 10^{-3}$ W/V² annehmen, für das Produkt $\eta_A \cdot \eta_G$ ist ein Betrag von $40^0/_0 = 0{,}4$ zu erwarten. Man erhält dann für den Verstärkungsgrad
$$W = \frac{1}{2}\sqrt{0{,}4 \cdot 10^{-3} \cdot R_G} = \sqrt{\frac{R_4}{10\,000}}.$$

Also erst dann, wenn der wirksame Gitterwiderstand auf mehr als 10000 Ω steigt, ist überhaupt Verstärkung vorhanden, denn erst dann wird der Wert unter der Wurzel größer als 1. Die Verstärkung ist bei 100000 Ω 3,2fach, bei 1 Megohm 10fach und bei 10 Megohm 32fach.

Die Güte einer Doppelgitterröhre ist viel größer, vielleicht 10mal so groß. Dann erhält man also dieselbe Verstärkung bei einem 10mal kleineren Gitterwiderstande, oder bei demselben Gitterwiderstande eine 3,2mal so große Verstärkung. Auch hieraus geht die große Überlegenheit der Doppelgitterröhre über die Eingitterröhre hervor, die wir früher nur durch ihre größere Steilheit begründen konnten.

Die Aufrechterhaltung eines genügend großen Gitterwiderstandes macht nun bei Hochfrequenz besondere Schwierigkeiten. Die unvermeidliche Spulenkapazität, die gegenseitige Kapazität der Gitterzuleitungen und der Einfluß der Gitter-Anodenkapazität

Prüfung auf Übersteuerung. 119

lassen die wirksame Gitterkapazität kaum unter 10 cm herabdrücken. Das entspricht aber einem kapazitiven Widerstande, der bei einer Wellenlänge von 600 m nur 30000 Ω entspricht, bei 300 m 15000 Ω, und bei 100 m gar nur 5000 Ω. Im Bereiche der kurzen Rundfunkwellen muß daher der Widerstand unbedingt durch Resonanzabstimmung auf einen genügend großen Wert gebracht werden. Wie wir schon früher sahen, steigt er bei Resonanz auf das $\frac{\pi}{\vartheta}$fache an, wobei ϑ das Dämpfungsdekrement ist.

Da bei sorgfältiger Ausführung $\vartheta = 0{,}1$ und weniger leicht zu erreichen ist, würde dann der wirksame Gitterwiderstand 31,4 mal so hoch werden. Durch Rückkopplung läßt sich ϑ noch mehr verkleinern, womit R_G weiter steigt. Kurze Wellen lassen sich also ohne Resonanzabstimmung überhaupt nicht verstärken.

Im Anodenkreise sind die Verhältnisse die gleichen. Auch hier ist, wie schon früher erläutert wurde, ein Widerstand von genügender Höhe nur durch Resonanzabstimmung zu erreichen. Da bei Mehrfachverstärkern der Anodenkreis zugleich Gitterkreis der folgenden Röhre ist, ist ein Widerstand von 100000 Ω im Anodenkreise gleich dem inneren Röhrenwiderstande ungenügend. Man verzichtet dann darauf, aus der Röhre die größte Leistung herauszuholen und versucht statt dessen, eine möglichst hohe Spannung am Gitter der nächsten Röhre zu erhalten.

F. Prüfung von Verstärkern.
1. Prüfung auf Übersteuerung.

Die Gefahr der Übersteuerung, bei dem Niederfrequenzverstärker stets sehr groß, wird bei dem Hochfrequenzverstärker kaum vorhanden sein. Denn die Spannung am Gitter der ersten Röhre ist fast stets so niedrig, daß selbst bei Mehrfachverstärkung die Vergrößerung nicht ausreicht, die Länge der Charakteristik der gewöhnlichen Verstärkerröhren zu übersteigen. Bei einem Dreifachverstärker kann man mit etwa 1000facher Verstärkung rechnen. Bei einer Länge der Charakteristik von etwa 10 V müßte somit die Spannung am Gitter der ersten Röhre 10 mV betragen, wenn die Endröhre gerade ausgesteuert sein sollte. Eine so hohe Spannung wird nur höchst selten vorhanden sein. Bei Empfang des Ortssenders kann es freilich vorkommen, daß die Spannung am Gitter der ersten Röhre 0,1 bis 1 V beträgt, hier wird aber wohl niemand mehrfache Hochfrequenzverstärkung anwenden, da ein rückgekoppeltes Audion mit 2 Niederfrequenzstufen bereits Lautsprecherempfang zuläßt.

Die Übersteuerung äußert sich darin, daß die Spannungsschwankungen am Gitter das untere oder obere Knie, oder beide, der Röhrenkennlinie übersteigen, so daß der Strom den Spannungsschwankungen nicht mehr proportional ist. Bei gewöhnlicher Verstärkung überlagert sich dem Anodengleichstrom ein Wechselstrom, wie es Abb. 23 zeigt. Ein Gleichstrommeßinstrument, in den Anodenkreis eingeschaltet, läßt davon nichts erkennen. Die einzelnen Stromspitzen nach oben und unten entstehen so schnell, daß das Meßinstrument mit seiner Trägheit ihnen nicht folgen kann, in ihrer Gesamtheit heben sich positive und negative Spitzen aber auf, so daß das Meßinstrument sie also überhaupt nicht anzeigen kann. Bei Übersteuerung dagegen sind die Ausschläge nach einer Seite größer als nach der anderen, so daß eine scheinbare Vergrößerung oder Verkleinerung des Anodenruhestromes eintritt, die vom Meßinstrumente angezeigt wird. Und zwar wird es nicht einen dauernd vergrößerten oder verkleinerten Ausschlag zeigen, sondern der Zeiger des Instrumentes wird nach der einen Seite hin dauernd schwanken. Liegt dieser Fall vor, so muß entweder die dem Verstärker zugeführte Energie herabgesetzt werden, durch losere Kopplung, weniger Rückkopplung oder einfach Verstimmung eines Kreises, oder es muß versucht werden, die Charakteristik der letzten Röhre zu verlängern. Das gelingt in gewissem Grade durch stärkere Heizung, wodurch aber natürlich die schon früher erwähnten Nachteile eintreten. Dieses Verfahren ist daher nur mit Vorsicht anzuwenden.

2. Messung des Verstärkungsgrades.

Zur Messung des (linearen) Verstärkungsgrades vergleicht man den Spannungsabfall, den der unverstärkte Strom in einem Widerstande erleidet, mit dem Spannungsabfalle, den der Strom in einem anderen Widerstande erfährt, nachdem dieser zweite Spannungsabfall verstärkt worden ist. Sind beide Spannungsabfälle dann gleich, so ist der Verstärkungsgrad durch das Verhältnis der Widerstände gegeben. Die Gleichheit der unverstärkten und der verstärkten Spannung stellt man mit dem Telephon

Messung des Verstärkungsgrades.

fest, das ein hierfür sehr geeignetes und hinreichend empfindliches Meßinstrument darstellt.

Die erforderliche Schaltung ist in Abb. 104 dargestellt. G ist eine Quelle hoch- und mittelfrequenter Wechselströme, dazu kann ein Summer dienen oder ein kleiner Röhrensender, den sich der Funkfreund leicht zusammenstellen kann. a und g sind zwei kleine kapazitäts- und induktivitätsfreie Widerstände. Im Nebenschluß zu a liegt die Reihenschaltung zweier Widerstände, von denen R groß ist gegen a, während c ungefähr die Größe von hat. An die Endklemmen von c wird der Verstärker V angeschlossen. Durch Umlegen des Umschalters U kann man den Hörer T abwechselnd mit b und den Ausgangsklemmen des Verstärkers verbinden.

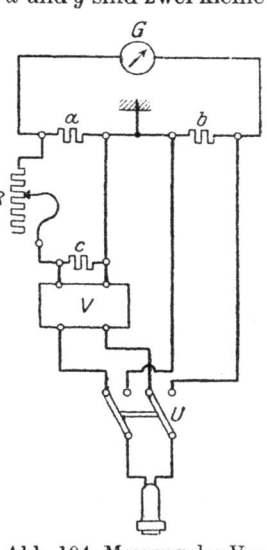

Abb. 104. Messung des Verstärkungsgrades eines Niederfrequenzverstärkers.

Für die kleinen Widerstände sind folgende Werte als zweckmäßig erprobt worden

$a = 0,1 \qquad b = 0,2 \qquad c = 0,1.$

R hat einen Gesamtwiderstand von 1000 Ω. Es ist in 30 Stufen eingeteilt, von denen jede einen um 25% größeren Widerstand hat als die vorhergehende, entsprechend dem Umstande, daß auch ein geübtes Ohr nur Lautstärkenunterschiede von 25% wahrnehmen kann. Demnach haben die einzelnen Stufen folgende Werte:

1. 1,64	6. 5,0	11. 15,4	16. 47,0	21. 142,5	26. 408,0
2. 2,05	7. 6,25	12. 19,2	17. 58,5	22. 178,5	27. 510,0
3. 2,54	8. 7,85	13. 24,0	18. 73,0	23. 209,0	28. 640,0
4. 3,2	9. 9,8	14. 30,0	19. 91,4	24. 262,0	29. 800,0
5. 4,0	10. 12,3	15. 37,5	20. 114,0	25. 327,0	30. 1000,0

Natürlich muß auch dieser Widerstand möglichst kapazitäts- und induktivitätsfrei hergestellt werden. Über die Herstellung solcher Widerstände soll in einem andern Bändchen dieser Sammlung berichtet werden.

Nachdem der Generator G seinen Strom durch die Schaltung gesandt hat, reguliert man R so lange, bis der Ton im Hörer für beide Stellungen von U gleich laut geworden ist. Dann sind beide Spannungen am Hörer gleich, d. h. die verstärkte Spannung V_e ist gleich der unverstärkten v_e. Aus dem Verhältnis der Widerstände ergibt sich dann

$$\frac{e_c}{e_b} = \frac{\frac{a(c+R)}{a+c+R} \cdot \frac{c}{c+R}}{b} = \frac{\frac{ac}{a+c+R}}{b}$$

und damit ergibt sich die Spannungsverstärkung zu

$$V_e \sim \frac{b}{a \cdot c} \cdot R = k \cdot R.$$

Für die oben angegebenen Werte von a, b und c wird $k = 20$, es lassen sich also mit der beschriebenen Anordnung Verstärkungen von 33 bis 20000 messen. Macht man $c = 0{,}9$, so kann man auch Verstärkungsgrade von 1,8 bis 1100 messen, somit auch den einer einzelnen Röhre.

Ehe man zur Messung schreitet, ist die Anordnung auf Störungsfreiheit zu untersuchen. Dazu wird das Telephon an den Verstärker gelegt. Der Ton in ihm muß verschwinden, wenn R unendlich groß wird, d. h. wenn man mit dem beweglichen Kontakt über die Stufe 30 hinausgeht. Geht man mit dem beweglichen Kontakte zurück, so muß der Ton gleichmäßig lauter werden. Wenn c kurz geschlossen oder der Verstärker einpolig angeschlossen wird, darf im Hörer ebenfalls kein Ton zu vernehmen sein.

Beispiel. Für einen Zweiröhrenverstärker wurde Tongleichheit bei $R = 6{,}25\,\Omega$ erzielt. Dann ist die vorhandene Spannungsverstärkung

$$V_e = 20 \cdot 6{,}25 = 125.$$

Hieraus ergibt sich, daß die Verstärkung einer einzelnen Röhre war

$$v_e = \sqrt{125} = 11{,}18.$$

Das letztere Ergebnis ist freilich unsicher, denn es ist durchaus nicht gesagt, daß beide Röhren mit demselben Verstärkungsgrade arbeiten. Bis zur mathematischen Gleichheit aller Röhren einer Type ist die Röhrenfabrikation noch nicht vorgeschritten.

Das hier dargestellte Meßverfahren läßt sich nur bei Nieder-

Messung des Verstärkungsgrades. 123

frequenzverstärkern anwenden, da bei Hochfrequenz selbst die besten kapazitäts- und induktivitätsfreien Widerstände noch immer zuviel von beiden Eigenschaften besitzen. Auch ist das Telephon als Meßgerät nicht mehr ohne Hilfsmittel anwendbar, da bekanntlich hochfrequente Schwingungen nicht mehr ohne weiteres hörbar sind, sondern erst durch einen Detektor oder ein Audion hörbar gemacht werden müssen. Ein Vergleich der unverstärkten und der verstärkten Spannung ist daher unmittelbar gar nicht möglich, wir müssen in beiden Fällen ein Audion einschalten.

Um die Spannung zu teilen, bedienen wir uns an Stelle der nicht brauchbaren Widerstände der Spannungsteilung durch Kondensatoren. Jeder Kondensator hat einen kapazitiven Widerstand, dessen Größe sich aus Schwingungszahl des Wechselstromes und Kapazität ergibt zu

$$w_c = \frac{1}{2\pi\nu C} \left(\nu = \text{Schwingungszahl} = \frac{300\,000 \text{ km}}{\lambda_{\text{km}}}\right).$$

Bei Anlegung einer Wechselspannung an eine Reihenschaltung von gleichen Kondensatoren wird die Spannung in ebensoviele Teile geteilt, wie Kondensatoren vorhanden sind, auf jeden Kondensator entfällt der gleiche Anteil von Spannung. Es ist genau so, als wenn man eine Gleichspannung über eine Reihe von unter sich gleichen Widerständen schlösse, in jedem Widerstand wird der gleiche Bruchteil der Gesamtspannung verzehrt. (Vgl. Abb. 105.) Sind die Kondensatoren ungleich groß, so ist der auf jeden entfallende Anteil der Spannung umgekehrt proportional seiner Kapazität.

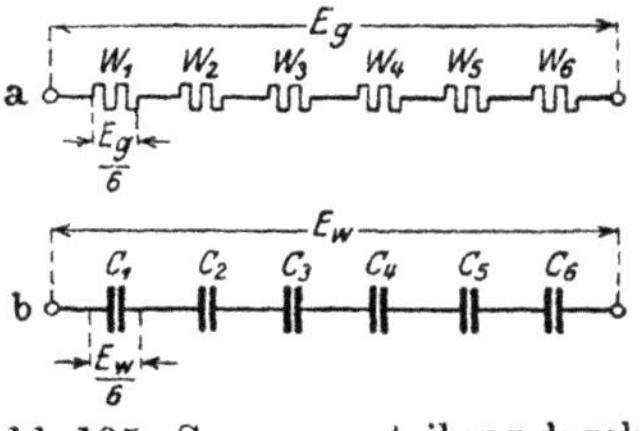

An Stelle der früher gezeichneten Schaltung tritt jetzt die in Abb. 106 dargestellte. Hierin ist G wieder der Erzeuger von Hochfrequenzschwingungen, V ist der zu prüfende Verstärker, A ein

Abb. 105. Spannungsteilung durch Reihenschaltung von Kondensatoren und Widerständen.

Vergleichsaudion von gleicher Größe wie das Endaudion in V; C_1, C_2, C_3 feste, C_4 ein veränderlicher Kondensator. Für das Maß der Verstärkung finden wir nun die Gleichung

$$V_e = \frac{C_3}{C_1} + \frac{C_2}{C_1} \cdot \frac{C_3 + C_2}{C_4}.$$

Für die Kondensatoren sind folgende Werte geeignet:

$\left.\begin{array}{l}C_1\\C_2\\C_3\end{array}\right\}$ 5000 cm für einzelne Röhre $\begin{array}{l}10\,000\text{ cm}\\20\,000\text{ ,,}\\20\,000\text{ ,,}\end{array}\Bigg\}$ für Mehrfachverstärker

$$C_4 = 1000\text{ cm}.$$

In der gezeichneten Stellung des Umschalters U liegt das Telephon an dem Vergleichsaudion A. Durch Umlegen von U wird es an die Ausgangsklemmen von V, also an das in V eingebaute Audion, gelegt. Man verstellt nun C_4 solange, bis das Telephon in beiden Stellungen des Umschalters die gleiche Lautstärke ergibt und berechnet dann aus der Kapazität von $C_1 - C_4$ die erreichte Verstärkung.

Beispiel. Ein Zweifach-Hochfrequenzverstärker wurde in der dargestellten Schaltung untersucht. Die Lautstärke des Telephons war in beiden Stellungen dieselbe, wenn $C_4 = 180$ cm. Daraus berechnet sich

$$V_e = \frac{20\,000}{20\,000} + \frac{20\,000}{20\,000} \cdot \frac{20\,000 + 180}{180}$$
$$= 1 + 112 = 113.$$

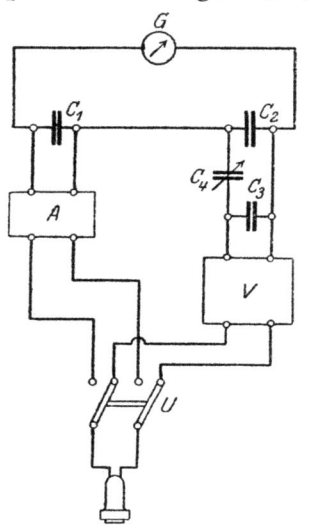

Abb. 106. Messung des Verstärkungsgrades eines Hochfrequenzverstärkers.

Sodann wurde die Eingangsröhre dieses Verstärkers überbrückt und die zweite Röhre für sich gemessen. Dabei waren $C_1 + C_3 = 5000$ cm. Die Lautstärke war die gleiche, wenn $C_4 = 600$ cm gemacht wurde. Daraus berechnet sich die Verstärkungsziffer der Röhre zu

$$V_e = \frac{5000}{5000} + \frac{5000}{5000} \cdot \frac{5000 + 600}{600}$$
$$= 1 + 9{,}35 = 10{,}35.$$

Da die Gesamtverstärkung 113 gewesen war, finden wir die Verstärkungsziffer der anderen Röhre zu

$$113 = 10{,}35 \cdot x,$$
$$x = 10{,}91.$$

Beide Röhren haben also fast genau den gleichen Anteil zur gesamten Verstärkung geliefert.

Zahlentafel 1
für zylindrische Spulen.

$\dfrac{l}{D}$	f	$\dfrac{l}{D}$	f
0,01	0,037	0,2	0,320
0,02	0,061	0,3	0,400
0,03	0,084	0,4	0,470
0,04	0,104	0,5	0,530
0,05	0,113	0,6	0,570
0,06	0,135	0,7	0,605
0,07	0,155	0,8	0,640
0,08	0,175	0,9	0,670
0,09	0,185	1,0	0,685
0,1	0,200		

Zahlentafel 2
für zylindrische Spulen.

$\dfrac{l}{D} f$	$\dfrac{l}{D}$
0,1	0,02
0,2	0,065
0,3	0,115
0,4	0,185
0,5	0,260
0,6	0,345
0,7	0,430
0,8	0,510

Zahlentafel 3
für Flachspulen.

$\dfrac{l}{D}$	f
0,1	0,020
0,2	0,065
0,3	0,115
0,4	0,185
0,5	0,260
0,6	0,345
0,7	0,430
0,8	0,510
0,9	0,600
1,0	0,685

MIX
Papier aus verantwortungsvollen Quellen
Paper from responsible sources
FSC® C105338

If you have any concerns about our products,
you can contact us on
ProductSafety@springernature.com

In case Publisher is established outside the EU,
the EU authorized representative is:
**Springer Nature Customer Service Center GmbH
Europaplatz 3, 69115 Heidelberg, Germany**

Printed by Libri Plureos GmbH
in Hamburg, Germany